AF884391

XXI. Internationaler Geologenkongreß
Kopenhagen, 15. bis 25. August 1960

ZEITSCHRIFT FÜR ANGEWANDTE GEOLOGIE

HERAUSGEGEBEN VON
DER STAATLICHEN GEOLOGISCHEN KOMMISSION
UND DER ZENTRALEN VORRATSKOMMISSION
DER DEUTSCHEN DEMOKRATISCHEN REPUBLIK

AUS DEM INHALT

E. Schlegel
Zu einigen Fragen der sozialistischen Gemeinschaftsarbeit in der Geologie

L. Baumann & M. Kraft
Zur Methodik der Gangkartierung und ihrer statistischen Auswertung

I. A. Burjakowskij
Permeabilitätsbestimmung mit Hilfe der Widerstandskarottage

E. Hameister
Wie wird die absolute Permeabilität von Gesteinen ermittelt?

G. Friese & J. Ottemann
Schnellbestimmung des Alkaligehaltes von Salzkohlen

G. Sager
Landgewinnungsarbeiten der Holländer in Gegenwart und Zukunft

K. Schellmoser
Zum Berufsbild für Geologie-Ingenieure

AKADEMIE-VERLAG · BERLIN

BAND 6 / HEFT 3
MÄRZ 1960
SEITE 97–144

	INHALT	СОДЕРЖАНИЕ	CONTENTS	
E. SCHLEGEL	**Zu einigen Fragen der sozialistischen Gemeinschaftsarbeit in der Geologie**	Некоторые вопросы социалистического сотрудничества в геологии	Some Questions of Socialist Cooperation in Geology	97
H. REH	Erschließung der Eisenerzvorkommen in Quebec-Labrador	Вскрытие месторождений железных руд в Квебек- Лабрадоре	Exploration of Iron Ore Deposits in Quebec-Labrador	100
L. BAUMANN & M. KRAFT	Zur Methodik der Gangkartierung und ihrer statistischen Auswertung	О методике картирования жил и её статистической обработке	Methodology of Vein Mapping and its Statistical Interpretation	103
I. A. BURJAKOWSKIJ	Permeabilitätsbestimmung mit Hilfe der Widerstandskarottage	Определение проницаемости при помощи каротажа по методу сопротивления	Determination of Permeability with the Means of Carottage of Resistance	112
E. HAMEISTER	Wie wird die absolute Permeabilität von Gesteinen ermittelt?	Как определить абсолютную проницаемость горных пород?	How to Determine the Absolute Permeability of Rocks?	114
G. FRIESE & J. OTTEMANN	Schnellbestimmung des Alkaligehaltes von Salzkohlen	Скорое определение щелочи в солесодержащем угле	Rapid Determination of the Alkali Content in Salt Coals	117
G. SAGER	Landgewinnungsarbeiten der Holländer in Gegenwart und Zukunft	Работы голландцев по отвоеванию земли у моря теперь и в будущем	Present and Future Land Reclamation Works of the Dutch	123
	Berufsbild der Geologie-Ingenieure	Подготовка геологов-инженеров	Professional Characteristics of the Geology Engineer	129
K. SCHELLMOSER	Zum Berufsbild für Geologie-Ingenieure	К подготовке геологов-инженеров	Concerning Professional Characteristics of the Geology Engineer	130
G. C. DICKENSTEIN	Neue Ergebnisse über den geologischen Bau und die Erdöl- und Erdgashöffigkeit im Westteil Zentralasiens	Новые данные о геологическом строении и нефтегазоносности западной части Центральной Азии	New Results of the Geological Structure and Petroleum and Natural Gas Bearing Probability in the Western Part of Central Asia	132
E. KAUTZSCH & J. OTTEMANN	Geochemische Konferenz der Akademie der Wissenschaften der Volksrepublik Ungarn vom 5.10. bis 10.10.1959 in Budapest	Геохимическая конференция Академии наук НР Венгрии от 5. 10.—10. 10. 1959 г. в Будапеште	Geochemical Conference Held by the Academy of Sciences of the People's Republic of Hungary, Budapest, October 5—10, 1959	134

Lesesteine, Besprechungen und Referate, Nachrichten und Informationen, Kurznachrichten

---

Die ZEITSCHRIFT FÜR ANGEWANDTE GEOLOGIE berichtet ständig ausführlich über folgende Arbeitsgebiete: Geologische Grundlagenforschung und Lagerstättenforschung / Methodik der geologischen Erkundung / Ökonomie und Planung der geologischen Erkundung / Technik der geologischen Erkundung / Geologie und Lagerstättenkunde im Ausland / Bibliographie, Verordnungen, Richtlinien, Konferenzen, Personalnachrichten

Dem Redaktionskollegium gehören an:
Prof. Dipl.-Berging. BÜHRIG, Nordhausen — Prof. Dr. HECK, Schwerin — Prof. Dr. HOHL, Freiberg/Sa. — Prof. Dr. KAUTZSCH, Berlin — Prof. Dr. LANGE, Berlin — Dr. MEINHOLD, Leipzig — Dr. NOSSKE, Leipzig — Prof. Dr. PIETZSCH, Freiberg Dr. REH, Jena — Prof. Dr. SCHÜLLER, Berlin — Dipl.-Berging.-Geologe STAMMBERGER, Berlin
Prof. Dr. WATZNAUER, Karl-Marx-Stadt
Chefredakteur: Prof. Dr. ERICH LANGE, Berlin

Die ZEITSCHRIFT FÜR ANGEWANDTE GEOLOGIE ist kein Organ einer engen Fachgruppe. Auf ihren Seiten können alle strittigen Fragen der praktischen Geologie behandelt werden. Die Autoren übernehmen für ihre Aufsätze die übliche Verantwortung.

ZEITSCHRIFT FÜR ANGEWANDTE GEOLOGIE

CHEFREDAKTEUR: PROF. DR. E. LANGE

BAND 6 · MÄRZ 1960 · HEFT 3

Zu einigen Fragen der sozialistischen Gemeinschaftsarbeit in der Geologie

Ernst Schlegel, Berlin

Der Aufbau des Sozialismus ist eine sehr komplizierte Aufgabe. Er erfordert eine tiefe Veränderung im Denken und in den Beziehungen der Menschen zueinander.

Walter Ulbricht

Die folgenden Überlegungen sind das vorläufige Ergebnis von Diskussionen am Geologisch-Paläontologischen Institut der Humboldt-Universität in Berlin. Sie sind ein Teil der großen Aussprache der Bevölkerung unserer Republik zur Sicherung des Sieges des Sozialismus durch die Erfüllung des Siebenjahrplanes mit Hilfe der sozialistischen Gemeinschaftsarbeit. Diese Diskussion ist heute überall im Fluß, und täglich nehmen die Gedanken dazu neue Form und höheren Inhalt an. Wie weit sind wir in diesen Fragen in der Geologie? Welche Vorstellungen, Entwicklungstendenzen, Erfahrungen gibt es? Welche Schwierigkeiten treten auf, und wie helfen wir uns gegenseitig, sie zu überwinden? Diese Fragen veranlaßten zum Schreiben des Beitrages. Er soll vor allem zum Austausch von Erfahrungen anregen. Daß der Artikel nicht alle Fragen berührt und die Probleme vorwiegend aus der Sicht der Hochschulen behandelt, ist verständlich, wenn man bedenkt, wie wenig fest die Kontakte zwischen den geologischen Einrichtungen der DDR in der Regel sind.

Wir müssen aber an den Hochschulen die Ergebnisse und Erfahrungen der gesamten Geologie ständig zum Gegenstand der Lehre und Kadererziehung machen. An diesem Problem sind wiederum auch die Betriebe der geologischen Praxis zutiefst interessiert. Der Artikel kann also, wenn er Stellungnahmen und Diskussionen hervorruft, ein Stück sozialistischer Gemeinschaftsarbeit in der Geologie werden. Das ist seine Absicht.

Die sozialistische Gemeinschaftsarbeit — eine objektive Notwendigkeit

Die Geologen der DDR stehen vor der großen und ehrenvollen Aufgabe, den Sieg des Sozialismus in der DDR durch die rasche Weiterentwicklung der geologischen Wissenschaft und durch die Bereitstellung neuer Rohstoffmengen für die Volkswirtschaft wirksam zu unterstützen. Der Schlüssel zur Erreichung dieses Zieles ist auch bei uns die sozialistische Gemeinschaftsarbeit. Diese Erkenntnis ist Ausdruck objektiver Gesetzmäßigkeiten. Sie ergibt sich aus der Analyse der ökonomischen Zusammenhänge beim Aufbau des Sozialismus, nach der beide Seiten der sozialistischen Produktionsweise — Produktivkräfte und Produktionsverhältnisse — Gemeinschaftsarbeit erfordern.

Auch im Bereich der Geologie sind die Produktivkräfte im letzten Jahrhundert ungeheuer gewachsen. Der alte Wahlspruch der Geologen: „Mit Verstand und Hammer", einst wörtlich zu nehmen und Ausdruck der beiden geologischen Hauptproduktivkräfte, ist heute nur noch Symbol. Zu Hammer, Lupe und Salzsäurefläschchen sind komplizierte technische Apparaturen, Mikroskope, Spektrographen, Bohranlagen, Seismographen usw. getreten, ohne die die Geologen nicht mehr wirkungsvoll arbeiten können. An Stelle der alten Geognosten, die noch ohne allzu große Mühe das gesamte geologische Wissen ihrer Zeit beherrschten, trat eine Legion von Spezialisten aller Richtungen, alle zwar noch Geologen oder zumindest „Geowissenschaftler", aber jeder bereits Vertreter einer Spezialdisziplin, die wahrscheinlich inhaltsreicher ist als die gesamte frühzeitliche Geologie. Mit dieser Entwicklung ergaben sich zwei Notwendigkeiten: 1. ein Hinausgehen der Geologie über ihre engeren Grenzen, d. h. die Schaffung von Querverbindungen zur Physik, Chemie, Biologie usw., um mit Hilfe dieser Wissenschaften Technik und neue Erkenntnisse für die Geologie nutzbar zu machen, und 2. die Schaffung von Querverbindungen innerhalb der Geologie selbst als Ausgleich gegen eine drohende Zersplitterung durch die notwendige Spezialisierung (Fachtagungen, Austauschsitzungen, Dokumentationsdienste usw.). Die Zusammenarbeit wurde also zu einer zwingenden Notwendigkeit, gefordert durch das Anwachsen der Technik einerseits und durch den steigenden Umfang des menschlichen Erfahrungsschatzes andererseits (z. Z. etwa 13 Mio Druckseiten wissenschaftlich-technische Publikationen jährlich). Diese objektive Notwendigkeit zur Zusammenarbeit, die sich aus der Entwicklung der Produktivkräfte ergibt, besteht natürlich auch schon im Kapitalismus, aber die Formen dieser Zusammenarbeit können sich im Kapitalismus nicht voll entwickeln, und es kann keine wirkliche Gemeinschaftsarbeit entstehen, weil die Produktionsverhältnisse dem entgegenwirken. Kapitalistische Produktionsverhältnisse sind durch den Grundwiderspruch des Kapitalismus, d. h. durch die gesellschaftliche Produktion einerseits und die private Aneignung andererseits, gekennzeichnet. Im Gegensatz dazu sind im Sozialismus die Produktionsmittel im Besitz der Gesellschaft und an Stelle der Konkurrenz und Anarchie in der Produktion treten brüderliche gegenseitige Hilfe und planmäßige und proportionale Entwicklung. Der Prozeß der Herausbildung neuer Beziehungen zwischen den Menschen, die eine wesentliche Seite der sozialistischen Produktionsverhältnisse sind, geschieht nicht von selbst. Diese Beziehungen werden gehemmt durch die ideologischen Reste einer jahrhundertelangen Ausbeuterordnung, die durch einen zähen und beharrlichen Kampf gegen das Alte und durch sorgsame Pflege und Förderung des Neuen überwunden werden müssen. Unsere Absolventen kommen zeitweise enttäuscht zu uns, weil sie ihre Erwartungen in der Praxis nicht erfüllt sehen. Statt guter, offener, ehrlicher Beziehungen sind manchmal noch immer Karrierismus, Neid und Mißtrauen vorhanden. Daß man die „Taschen zuhalten" muß, um sich gegen „geistiges Raubrittertum" zu wehren, ist eine der verbreiteten, aber mittelalterlichen Ansichten. Der jugendliche Schwung, mit dem die Absolventen in die Praxis gehen, und der eigentlich nur den einen Mangel hat, daß er die Hartnäckigkeit des Alten nicht mit einkalkuliert, wird häufig in unverantwortlicher Weise gebremst. Den jungen Kollegen muß durch ihre praktische Tätigkeit und verantwortliche Mitarbeit die weite Perspektive ihrer Entwicklung im Sozialismus gezeigt werden. Es kommt nicht darauf an, ihnen einen Förderungsplan zu geben, der nicht immer eine Förderung bedeutet oder nicht eingehalten werden kann.

Die bereits in der Geologie entstehenden sozialistischen Arbeitsgemeinschaften werden diesen Zustand überwinden müssen. Mit ihrer Losung: „Sozialistisch arbeiten, lernen und leben", haben sie den Schlüssel in der Hand, Technik und Wissenschaft zu meistern, die Produktivität zu erhöhen und neue Beziehungen zwischen den Menschen zu schaffen, d. h. die Überlegenheit des Sozialismus über den Kapitalismus zu beweisen. Im folgenden sollen einige Möglichkeiten dargelegt werden, wie die Kader der Hochschulen für dies gemeinsame Ziel aller Geologen der DDR eingesetzt werden könnten. Es geht darum, die Kräfte durch Gemeinschaftsarbeit innerhalb der Betriebe und der Institute, zwischen den Instituten und den Betrieben und schließlich im gesamten sozialistischen Lager zu vervielfachen.

Probleme und Möglichkeiten sozialistischer Gemeinschaftsarbeit innerhalb der Institute und Betriebe

Die sozialistische Gemeinschaftsarbeit innerhalb eines Betriebes hat folgende speziellen Ziele:

1. Erfüllung der im Plan gestellten Produktionsaufgaben durch Erhöhung der Arbeitsproduktivität und des wissenschaftlichen Niveaus der Arbeit, sozialistische Rekonstruktion, Koordinierung und Organisation des Arbeitsablaufes;
2. Entwicklung des sozialistischen Bewußtseins und Überwindung aller die sozialistische Entwicklung hemmenden ideologischen Hindernisse.

Diese Aufgaben lassen sich nicht nach einem Schema lösen.

Voraussetzung für die Bildung eines sozialistischen Kollektivs ist in jedem Falle das Ausgehen von der gemeinsamen Arbeit. Alle Wissenschaftler eines Instituts sind in der Regel gemeinsam Lehrer und Erzieher ihrer Studenten. Es wäre deshalb gut, wenn sie dieser gemeinsamen Aufgabe den Inhalt und auch die organisatorischen Formen geben würden, die eine Entwicklung zu einer Gemeinschaft sozialistischer Hochschullehrer ermöglichen. Es haben sich an allen Hochschulen so viele ungelöste Fragen der Lehrtätigkeit angehäuft, daß ihre Lösung im Kollektiv der Professoren, Dozenten und Assistenten nötig und wünschenswert wäre. Im Berliner Geologisch-Paläontologischen Institut versuchen wir, dieses Ziel durch die Erweiterung der Assistentenbesprechungen zu erreichen, in denen Arbeitspläne mit Lehr- und Erziehungszielen erarbeitet werden.

Häufig geht an den Universitäten die Initiative zur Bildung sozialistischer Kollektive von den Studenten aus. Sie ergibt sich aus der Kenntnis der politisch-ökonomischen Zusammenhänge im Sozialismus und aus der prinzipiellen Übereinstimmung der persönlichen mit den staatlichen Interessen. Oft stellen sich aber bei diesen guten Bestrebungen Schwierigkeiten ein, weil die Studenten nicht ihre tägliche Studienarbeit zum Ausgangspunkt der Kollektivbildung machen, sondern gewisse, mit dem Studium nicht direkt verbundene Vorhaben, wie Aufbaueinsätze, Wanderungen usw.

Solche Dinge sind natürlich nicht schlecht. Jedoch ist das Kernstück des sozialistischen Lebens nun einmal die sozialistische Arbeit. Diese wird aber durch einen traditionellen Vorlesungsbetrieb, durch den Studienplan und die Prüfungsbestimmungen wenig gefördert. Wenn wir der objektiven Notwendigkeit gerecht werden wollen, der Praxis wissenschaftlich hochqualifizierte Geologenkader mit der Befähigung zur Schaffung eines Kollektivs und Erfahrung in der Gemeinschaftsarbeit zuzuführen, dann muß sich in Inhalt und Form des Studiums einiges ändern. Sollte man nicht das gute pädagogische Prinzip: „Lernen durch Arbeit", im Universitätsbetrieb stärker verwirklichen, indem wir den Studenten neben den auf das Notwendige reduzierten Vorlesungen eine Arbeitsaufgabe stellen, an der sie während eines Semesters gemeinsam arbeiten? Solche Aufgaben sollen nicht den üblichen Charakter von „Übungen" tragen, sondern möglichst im Rahmen eines Forschungsauftrages oder eines Vertrages mit der geologischen Praxis gelöst werden. Nötig ist dann allerdings eine bessere fachliche Anleitung, oder sagen wir treffender, eine Gemeinschaftsarbeit zwischen Wissenschaftlern und Studenten. Solche Schulen der Gemeinschaftsarbeit sollten ein fester Bestandteil der Ausbildung werden. Nichts wäre aber verfehlter, als „Gemeinschaftsarbeit" dort einzuführen, wo individuelle Arbeit nötig ist. Die gedächtnismäßige Aneignung des Lernstoffes und ein großer Teil der Forschungs- und Lehrtätigkeit sind individuelle Arbeit und können nicht im Kollektiv erfolgen.

Zu den Problemen, die durch sozialistische Gemeinschaftsarbeit innerhalb eines Betriebes entstehen werden, gehört die Frage der Beziehungen zwischen der Arbeiterklasse und der Intelligenz und zwischen der Leitung und den Mitgliedern eines Kollektivs. Die bisherige Entwicklung in der DDR hat dazu geführt, daß die Gegensätze zwischen Arbeitern und Intelligenz, die sich aus der bürgerlichen Klassengesellschaft ergaben, weitgehend überwunden sind. Die sozialistischen Arbeitsgemeinschaften zwischen Wissenschaftlern und Arbeitern bereiten jetzt eine neue Qualität vor: die allmähliche Überwindung der wesentlichen Unterschiede zwischen geistiger und körperlicher Arbeit. Diese Tendenz zeigt sich z. B. in der Zusammenarbeit von Geologen und Arbeitern in den Bohr- und anderen Brigaden. Sie muß von den Hochschulen durch Verbesserung der Erziehungsarbeit unter den zukünftigen Wissenschaftlern und durch die Schaffung vielfältiger Bildungsmöglichkeiten für die Arbeiter bewußt gefördert werden. Dazu gehören die Teilnahme von Studenten und Assistenten an der geologischen Brigadearbeit während der Praktika sowie eine Verstärkung der publizistischen und der Vortragstätigkeit speziell für die Weiterbildung der sozialistischen Brigaden und überhaupt ein verbessertes System von Weiterbildungsmöglichkeiten an den Universitäten.

Die Durchsetzung der Gemeinschaftsarbeit ruft auch gewisse Widersprüche zwischen der Verantwortlichkeit der staatlichen Leitungen und dem Recht zum Mitplanen und Mitregieren für alle Kollektivmitglieder hervor. Das gilt sowohl für wissenschaftliche Institute als auch für den Bereich der Staatlichen Geologischen Kommission. Man wird diese Probleme in sozialistischer Zusammenarbeit lösen können. Gradmesser für die Qualität eines Leiters sollte sein, wie er es versteht, durch Organisation der sozialistischen Gemeinschaftsarbeit höchste wissenschaftliche und ökonomische Ergebnisse zu erzielen.

Zur Gemeinschaftsarbeit zwischen Instituten und Betrieben

Die Gemeinschaftsarbeit zwischen den geologischen Instituten der DDR und zwischen den Instituten und der Praxis ist einmal eine Frage der staatlichen Koordinierung, zum anderen aber auch ein ideologisches Problem, bei dem z. T. noch veraltete Konkurrenzgedanken und Monopoltendenzen eine Rolle spielen.

Leider besteht bisher keine engere Zusammenarbeit zwischen den einzelnen geologischen Instituten. Das ist bedauerlich und führt zu einer Zersplitterung der zahlenmäßig ohnehin geringen Kräfte. Hier haben das Staatssekretariat für Hochschulwesen und die Geologische Gesellschaft ihre Koordinierungsaufgaben bisher nur mangelhaft wahrgenommen. Zumindest die Diskussionen zum Siebenjahrplan hätten zu gemeinsamen Festlegungen über Forschungs- und Lehraufgaben führen müssen. Die staatliche Koordinierung allein genügt aber nicht. Es ist doch kaum vertretbar, wenn es zwischen unseren geologischen Instituten so wenig direkte Kontakte zur Pflege des wissenschaftlichen Meinungsstreites oder des studentischen Erfahrungsaustausches gibt. Ähnliches gilt für die Beziehungen der Hochschulen zur Praxis. Man sollte überlegen, ob nicht gemeinsam durchgeführte Exkursionen, Praktika usw., der Austausch von wissenschaftlichen Informationen, Assistenten, Referenten, Studentendelegationen usw. zu guten Ergebnissen führen könnten.

Die Geologische Gesellschaft in der DDR sollte überlegen, ob sie bei ihren Jahrestagungen, an denen auch in größerer Zahl Studenten teilnehmen, einen Tag der Hochschulen, des studentischen Erfahrungsaustausches oder ähnliches organisieren könnte. Wäre es z. B. nicht auch möglich und nötig, zur Erweiterung des geologischen Dokumentationsdienstes der Bergakademie Freiberg auch die anderen geologischen Institute heranzuziehen? Und schließlich: Wäre nicht auch unsere geologische Hauptaufgabe im Siebenjahrplan, die Erkundung und Förderung von Erdöl und die Sicherung des Weltniveaus auf diesem Gebiet besser unter Mithilfe großer Teile der geologischen Kader in den Instituten zu lösen? Was hindert den VEB Erdöl und Erdgas daran, eine Beratung über den Umfang und die Aufgaben einer solchen Zusammenarbeit mit allen Universitäten zu organisieren?

Solche Fragen der Zusammenarbeit zwischen den Universitäten und der geologischen Praxis sind besonders wichtig. Diese Zusammenarbeit muß zweiseitig sein. Die Qualität der von den Instituten geleisteten wissenschaftlichen Arbeit und der ausgebildeten Absolventen ist abhängig von der Mitarbeit der Praxis an der geologischen Forschung und Lehre und umgekehrt von der Mitarbeit der Institute an den Problemen der Praxis. Mit dem Abschluß eines Vertrages, nach dem die Institute eine Arbeit machen und die Praxis (d. h. die Geokom) das Geld gibt, ist noch nicht viel erreicht. Die Institute sind keine Dienstleistungsbetriebe.

Wie könnte z. B. die Mitarbeit der Praxis an der Arbeit der geologischen Institute aussehen?

Wir benötigen für ein ab 1960 einzuführendes 14tägliches Kolloquium zu Fragen der geologischen Praxis in der DDR Referenten aus den geologischen Betrieben, die uns aus ihren Erfahrungen berichten. Wir benötigen die Mitarbeit von praktisch tätigen Geologen an bestimmten Fragen der Lehrplangestaltung, die Zusammenarbeit in der Planung und der Durchführung von Forschungsvorhaben, Mitteilungen über neue wissenschaftliche Ergebnisse, Materialien, Arbeits- und Praktikumsplätze für Studenten und Doktoranden, Assistenten, die nach praktischer Tätigkeit wieder an die Universität zurückkehren, also Hilfe, Vertrauen und guten Willen als Ausdruck sozialistischer Beziehungen in der Geologie. Geben könnten wir das Leistungsvermögen eines wissenschaftlichen Institutskollektivs, Hilfe bei der Lösung bestimmter langfristig zu bearbeitender Probleme, Einzel- und Sammelreferate der Fachliteratur, die draußen nicht immer erreichbar ist — und besser ausgebildete Kader.

Auch die Berufspraktika könnten viel stärker zur gegenseitigen sozialistischen Hilfe genützt werden, wenn engere Beziehungen zu den Betrieben bestünden. Der Vorteil für die Betriebe würde nicht nur in der zusätzlich geleisteten körperlichen Arbeit bestehen, sondern in der Mithilfe ganzer Studentenkollektive an der Lösung wissenschaftlicher, ökonomischer und politischer Probleme. Warum sollten sich solche Verbindungen, wie sie sich zwischen der Humboldt-Universität und einigen Betrieben des Kreises Seelow entwickelt haben, nicht auch zwischen dem VEB Erdöl und Erdgas und anderen geologischen Instituten herstellen lassen?

Internationale sozialistische Gemeinschaftsarbeit

Die wissenschaftlichen Beziehungen über die Grenzen unseres Staates hinaus haben sich in den letzten Jahren zunehmend erweitert, sind im ganzen aber noch ungenügend. Besonders wichtig sind naturgemäß die Beziehungen zu westdeutschen Fachkollegen. Obwohl sie nicht zum Komplex der sozialistischen Gemeinschaftsarbeit gehören, sollen sie hier erwähnt werden, weil sie im Interesse der Wissenschaft und unserer Nation erforderlich sind. Es kommt darauf an, gute, freundschaftliche Beziehungen zu entwickeln, die von allen Auswirkungen eines kalten Krieges gegen die DDR frei sind und die nicht einen Partner schädigen, sondern beiden nützen sollen.

Enge Beziehungen streben wir im stärkeren Maße als bisher zu den Berufskollegen der befreundeten sozialistischen Länder an. Hier kann die Zusammenarbeit aber nicht nur in der Erfüllung staatlicher „Austauschpläne" bestehen. Es sollten sich vielmehr auch ein enger persönlicher Gedankenaustausch, gegenseitige Konsultationen usw. auf der einen Seite und eine großzügige internationale Arbeitsteilung auf der anderen Seite entwickeln. Es muß das Ziel sein, die ganze Breite geologischer Wissenschaft innerhalb des sozialistischen Lagers intensiv zu pflegen.

Wäre es z. B. nicht eine dankbare Aufgabe für das Geotektonische Institut der Deutschen Akademie der Wissenschaften, die großen Traditionen der deutschen Geologie auf dem Gebiete der geotektonischen Synthese durch sozialistische Gemeinschaftsarbeit und mit dem dialektischen Materialismus ausgerüstet bewußt zu pflegen? Denkbar wäre auch die bevorzugte Inangriffnahme von Themen über Salzbewegung, saxonische Tektonik oder Gefügekunde, bei denen Traditionen oder gute Arbeitsmöglichkeiten vorliegen und die als Beiträge zum Gesamtkomplex der geologischen Forschung in den sozialistischen Ländern dienen könnten. Die Schaffung international gültiger Standards in der Stratigraphie, im geologischen Kartenwesen, in der petrographischen Nomenklatur müßte planmäßiger und auf lange Sicht koordiniert werden, etwa in dem Sinne, wie es zur Zeit bei der Zusammenstellung der geotektonischen Weltkarte geschieht.

Die begonnene Gemeinschaftsarbeit innerhalb der Sektionen der Geologischen Gesellschaft in der DDR kann dafür ebenfalls gute Grundlagen liefern. Wichtig sind aber entsprechende internationale Vereinbarungen.

Diese Vorschläge können nur eine Anregung zu Überlegungen darüber sein, wie entscheidende Fortschritte in der Wissenschaft heute nicht mehr durch die Besetzung „ökologischer Nischen", sondern nur noch durch die komplexe Bearbeitung großer Probleme möglich sind. Im Interesse unserer Wissenschaft ist es dringend nötig, diese Arbeiten national und international zu koordinieren, damit ein gewisser Individualismus in der Geologie der DDR nicht zu einem noch ernsteren Hemmnis wird. Nichts hindert uns an der Erfüllung dieser Aufgaben — außer unserem Hang zur Beibehaltung liebgewordener Gewohnheiten. Die Gemeinschaftsarbeit wird diesen beim Übergang vom Kapitalismus zum Sozialismus entstandenen Widerspruch beseitigen. Sie bedeutet ein beharrliches Ringen um die Beseitigung alter überlebter Vorstellungen und um die Durchsetzung der sozialistischen Moralgesetze als Ausdruck eines neuen Bewußtseins in den Handlungen der Menschen.

Zusammenfassung

Der Aufsatz ist ein Diskussionsbeitrag aus einem Hochschulinstitut zum Thema „Sozialistische Gemeinschaftsarbeit in der Geologie". Es wird gezeigt, daß sich die objektive Notwendigkeit zu sozialistischer Gemeinschaftsarbeit aus dem Entwicklungsstand der Produktivkräfte und den sozialistischen Produktionsverhältnissen ergibt. Möglichkeiten der Gemeinschaftsarbeit innerhalb einer geologischen Institution, zwischen mehreren Institutionen der Deutschen Demokratischen Republik und zwischen den geologischen Institutionen der sozialistischen Länder werden diskutiert.

Резюме

Этой работой автор вносит свой вклад в обсуждение темы „Социалистическое сотрудничество в геологии". В ней показана обьективная необходимость социалистического сотрудничества, вытекающая из развития производственных сил и из социалистических производственных отношений. Обсуждаются возможности сотрудничества в геологических учреждениях, между несколькими учреждениями Германской Демократической Республики и между геологическими учреждениями отдельных соцаилистических стран.

Summary

The article is a discussion of the subject „Socialist Co-operation in Geology" and is contributed by an university institute. The objective necessity of a socialist co-operation is shown to be a result of the status of development of productive forces and of the socialist conditions of production. A discussion is presented on the possibilities of co-operation within a geological institution, between several institutions of the German Democratic Republic, and between geological institutions of the socialist countries.

Erschließung der Eisenerzvorkommen in Quebec-Labrador

HERBERT REH, Jena

Die Eisenerzvorkommen im Quebec-Labrador-Eisenerztrog ziehen sich von Payne Bay an der Ungava-Bucht nach Süden über die Grenze zwischen Quebec und Labrador und nach Westen in Richtung zum Lake Mistassini, 240 km N der Stadt Quebec.

Das Interesse an den Eisenerzvorkommen in Quebec-Labrador ergab sich aus der zunehmenden Erschöpfung hochwertiger Eisenerze in der Mesabi Range im Staat Minnesota. Die Entdeckung direkt verhüttbarer Eisenerze im Gebiet von Schefferville und die Entwicklung eines geeigneten Vergütungsverfahrens, das aus den aufbereiteten magnetitischen Erzen hämatitische Pellets mit etwa 65% Fe herzustellen gestattet, wodurch die Hochofenarbeit um 15—25% verbessert werden kann, verstärkte das Interesse an diesen Eisenerzvorkommen. Während die Taconite der USA-Lagerstätten verhältnismäßig hart sind und hohe Zerkleinerungskosten bedingen, sind die kanadischen Eisenerze im allgemeinen mürbe und körnig, so daß sie sich leicht aufbereiten lassen. Die Konzentrate haben einen niedrigen Schwefelgehalt und enthalten nur noch wenig Kieselsäure.

Die Aufbereitungserze mit etwa 35% Fe sind in riesigen Mengen vorhanden. Nach überschlägigen Berechnungen werden etwa 20 Milliarden t armer Eisenerze erwartet. Da die eisenerzführende Schichtenfolge auf über 1000 km Länge verfolgt worden ist, dürften sich die Vorräte bei weiterer Untersuchung durch Bohrungen noch erheblich vergrößern.

Im Bereich der Ungava-Bucht liegen die Lagerstätten in der Nähe der Küste. Allerdings ist die Bucht nur fünf Monate eisfrei, und die Konzentrate oder Pellets müssen sieben Monate lang gebunkert werden.

Der Abbau der Eisenerze kann im Tagebau erfolgen, wobei Tiefen bis über 300 m erwartet werden. Zur Untersuchung der Erzvorkommen wurden allein im Knob Lake-Gebiet seit 1947 3000 bis 22000 m Bohrungen jährlich niedergebracht.

Obwohl die USA im letzten Jahr 57% ihrer Eisenerzimporte aus Südamerika, vorwiegend aus Venezuela bekamen und nur zu 37,4% aus Kanada bezogen, planen doch nordamerikanische Gesellschaften bedeutende Investitionen, um die kanadischen Eisenerzvorkommen zu erschließen.

Mt. Reed — Mt. Wright-Gebiet

Die bedeutendsten Aufschlußarbeiten werden von einer Tochtergesellschaft der United States Steel Corporation geplant. Von den Vorkommen armer Eisenerze im Gebiet von Mt. Reed—Mt. Wright mit Vorräten von

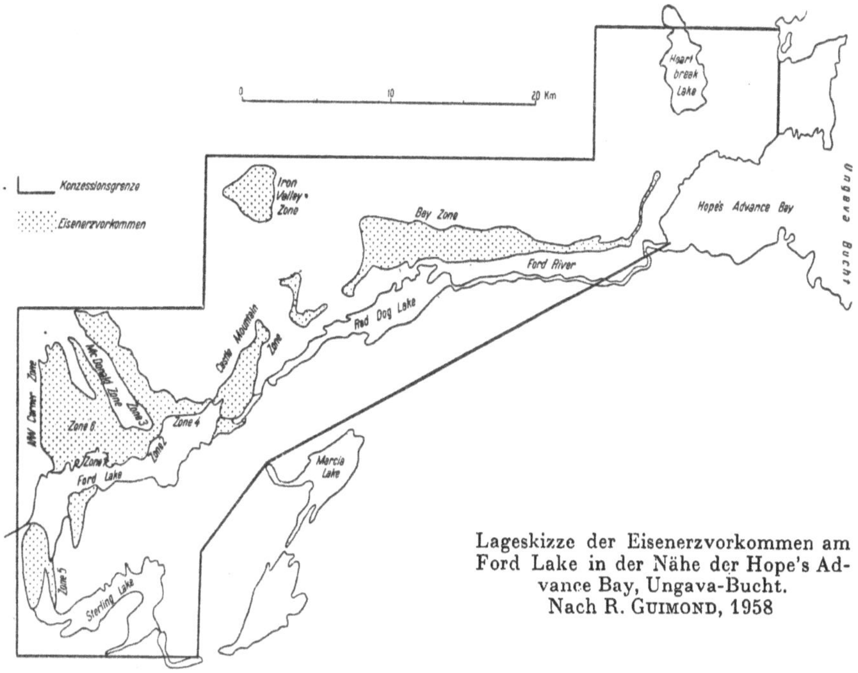

Lageskizze der Eisenerzvorkommen am Ford Lake in der Nähe der Hope's Advance Bay, Ungava-Bucht. Nach R. GUIMOND, 1958

etwa 1 Milliarde t soll zunächst das Vorkommen von Lac Jeannine erschlossen werden. Im Jahre 1961 soll die Produktion aufgenommen werden. Der Betrieb ist für eine Roherzförderung von 20 Mio jato armer Eisenerze ausgelegt, aus denen 8 Mio jato Eisenerzkonzentrate gewonnen werden sollen.

Das Eisenerzvorkommen am Lac Jeannine liegt in einer in Granitgneisen eng gefalteten Antiklinale von 2400 m Länge und 690 m Breite, in der Eisenglanzerze mit etwa 30% Fe bis zu einer Tiefe von mehr als 300 m nachgewiesen sind. Bei einer Förderung von 60000 tato muß die Lagerstätte in einem großen Tagebau vollkommen aufgeschlossen werden. Das bedingt natürlich im Anfang gewaltige Abraum- und Vorbereitungsarbeiten.

Die Aufbereitung wird den größten Durchsatz aller Aufbereitungen in Nordamerika aufweisen. Das Eisenerz wird auf etwa 0,8 mm zerkleinert, dann in 2 Stufen durch Wendelscheider aufbereitet. Die Konzentrate werden vor dem Versand entwässert.

Die Konzentrate werden auf einer 309 km langen Eisenbahnlinie nach Port Cartier am St. Lorenz-Strom, 2,4 km östlich von Shelter Bay, transportiert. Entsprechende Verladeanlagen sollen errichtet werden. Außerdem müssen 320 km Straße gebaut werden.

Hope's Advance Bay-Gebiet (Ungava-Bucht)

Die zweite große Eisenerzgesellschaft, die Ungava Iron Ores Company, beabsichtigt, ihre an der Hope's Advance Bay, an der Westküste der Ungava-Bucht, gelegenen Eisenerzvorkommen (Abb.) zu erschließen. Diese von der Atlantic Iron Ores Ltd. eingebrachten Felder liegen nur etwa 10—50 km von der Hope's Advance Bay entfernt, die guten Ankergrund für große Frachter und Schutz vor Stürmen bietet.

Die Aufschlußkosten werden zu gleichen Teilen von der Ferrum Investments Ltd., an der das Gußstahlwerk Bochumer Verein AG, Hüttenwerk Oberhausen AG, Friedrich Krupp, Mannesmann AG und Hoesch-Westfalenhütte AG beteiligt sind, und der Champlain Mining Corporation getragen, die unter Führung von Cyrus Eaton aus Cleveland die USA-Interessen vertritt. Mit einem Aufwand von 250 Mio $ soll im Jahre 1963 eine Anfangsproduktion von 500000 jato Pellets erreicht werden, die bis 1967/68 auf 5 Mio jato gebracht werden soll.

Die hier behandelten Vorkommen am Ford Lake und Roberts Lake in New Quebec (Abb.) wurden 1951 entdeckt. 1957 wurden ein intensives Kartierungsprogramm und ein weitmaschiges Netz von Diamantbohrungen durchgeführt, wodurch 1,5 Milliarden t Aufbereitungserze mit etwa 35% Fe veranschlagt werden konnten. Allein in der zunächst in Angriff genommenen Konzession der Atlantic Iron Ores Ltd. (Abb.) wurden mit 10500 m Bohrung mindestens 680 Mio t Eisenerz nachgewiesen.

Der Abbau soll das ganze Jahr über in großen Tagebauen erfolgen, wobei der Erztransport in Großraumförderwagen bis zur Aufbereitung an der Hope's Advance Bay erfolgt. Ebenso sollen Röstanlage, Aufbereitung, Pelletisierung und Vergütung in Drehrohröfen das ganze Jahr über betrieben werden. Das bedeutet, daß bei voller Produktion im Winter etwa 3,5 Mio t Pellets gelagert werden müssen.

Die geologischen Verhältnisse sind durch ein aus Granit und Gneis bestehendes Grundgebirge gekennzeichnet, das von Sedimenten mit den eisenerzführenden Schichtenfolgen überlagert wird. Diese erstrecken sich fast ohne Unterbrechung vom Südende des Labrador-Troges bis fast an die Hudson-Straße. Sie enthalten sowohl die armen Eisenerze von Mt. Wright und Wabush als auch die hochwertigen Erze von Schefferville (Knob Lake). Auf den Atlantik-Feldern fallen die erzführenden Schichten leicht nach SO ein. Sie bestehen aus drei Horizonten:

1. 15—30 m Eisenglanzerz an der Basis,
2. 15—60 m Magnetiterz,
3. braunes geflecktes karbonatisches Verwitterungserz, stellenweise durch Erosion abgetragen.

Die eisenerzführenden Schichten werden von einer mächtigen Sedimentfolge mit Decken und Intrusionen basischer Gesteine überlagert. Die Lagerungsverhältnisse werden durch eine enge Faltung und Längsstörungen kompliziert, stellenweise werden jedoch auch dadurch Anschwellungen der Mächtigkeit bewirkt.

Die Atlantik-Felder enthalten 12 verschiedene Vererzungszonen. Von diesen enthält die Castle Mountain-Zone mit 3600 m Länge, 360—390 m Breite, 15—90 m Tiefe bei 10—33° Fallen nach SO etwa 200 Mio t. Sie wird wahrscheinlich zuerst aufgeschlossen werden. In der näher zur Küste gelegenen Bay-Zone wurden auf 11 km Länge etwa 122 Mio t Eisenerz mit 35% Fe nachgewiesen, die zunächst als stille Reserve betrachtet werden sollen.

Das karbonatische Verwitterungserz ist in den beiden genannten Zonen größtenteils durch Erosion entfernt. Aber auch in den übrigen Zonen der Atlantik-Felder scheint das Abraumverhältnis nicht ungünstig zu sein. Das etwa 35% Fe enthaltende Hämatit-Magnetit-Erz kann überall im Tagebau gewonnen werden. Durch Großversuche wurde festgestellt, daß aus 2 t Tagebauerz 1 t Bessemer-Konzentrat mit 65% Fe gewonnen werden kann.

Knob Lake- und Wabush Lake-Gebiet

Die dritte große Eisenerzgesellschaft ist die Iron Ore Company of Canada, die die Eisenerzvorkommen des Knob Lake-Gebiets abbaut und Untersuchungsarbeiten am Wabush Lake betreibt.

Seit 1950 wurden im Gebiet des Knob Lake bei Schefferville auf einer Fläche von 32 × 8 km 25 Vorkommen von hochwertigem Eisenerz erkundet. Seit 1956 wurde vor allem die Tiefenerstreckung der Eisenerze in den betriebenen Tagebauen untersucht. Ferner wurden weitere Vorkommen erkundet, die in den nächsten 10 Jahren ausgebeutet werden sollen.

Für die Untersuchung von 45 größeren Erzvorkommen in den Konzessionen der Iron Ores Co. of Canada wurden über 132000 Bohrmeter benötigt. Bohrversuche ergaben, daß bei Verwendung eines 50-R-Bucyrus-Erie-Rotary-Bohrgeräts die harten Deckschichten mancher Erzlager mit dem Sechstel der Zeit und mit der Hälfte der Kosten durchbohrt werden konnten wie mit den bisher eingesetzten Diamantbohrgeräten. Mit gutem Erfolg wurden Löffelbagger für den Aushub von Schurfgräben verwendet. Die Gesamtkosten für solche 1,8 m tiefen Gräben werden zu 1,25 $ je m angegeben. Mit derartigen Schurfgräben im Abstand von 90 m konnten zwei neue Vorkommen von 1200 m Länge und 60 m Breite nachgewiesen werden.

Bei weiterem Abbohren der in Produktion stehenden Eisenerzvorkommen im Streichen und nach der Tiefe waren in den Jahren ab 1956 15 Bohrgeräte eingesetzt, die auch unter den schwierigen Bedingungen der langen Winterzeit betrieben wurden. Die Bohrprogramme für die in Betrieb stehenden Gruben sind praktisch beendet. Für die volle Erkundung waren erforderlich:

Ruth Lake-Grube	14930	Bohrmeter
Ferriman-Grube	17980	,,
Gagnon-Grube	12243	,,
French-Grube	8948	,,
Gill-Grube	4589	,,
Insgesamt	58690	Bohrmeter

Nachdem man anfänglich mit einer mittleren Tiefenerstreckung der Eisenerzvorkommen von 120 m gerechnet hatte, zeigte es sich später, daß das Erz auch tiefer reicht, in einigen Fällen sogar bis unter eine 180-m-Sohle. Berücksichtigt man diese neuen Ergebnisse, so ist für das Knob Lake-Gebiet eine wesentliche Erhöhung der 1950 genannten Erzreserven von 417 Mio t hochwertiger Eisenerze zu erwarten.

Die Iron Ore Co. of Canada hat auch die Eisenerzvorkommen am Wabush Lake untersucht. Mit dem Beginn von Aufschlußarbeiten in diesem Gebiet kann gerechnet werden. Es handelt sich um Aufbereitungs-Eisenerze mit Vorräten von etwa 2 Milliarden t. Das im Jahre 1956 mit 3600 Bohrmetern untersuchte Carol East-Vorkommen enthält über 400 Mio t Eisenerz mit 35—40% Fe. Entlang diesem Vorkommen konnten durch geologische Kartierung vier weitere Eisenerzlager festgestellt werden. Auf einer Fläche von etwa 100 km² sind noch eine Reihe anderer Vorkommen mit beträchtlichen Vorräten wahrscheinlich.

Die eisenerzführenden Schichten des Wabush Lake-Gebiets sind stark metamorph und enthalten meist Eisenglanz in mürben Gesteinen. Sie erstrecken sich auf Tausende von Meter Länge und Hunderte von Meter Breite. Neben vorwiegend Eisenglanz kommt nur etwa 10% Magnetit als Eisenerz vor. Bei einem Aufschluß auf 0,3 mm hofft man, durch Schwerkraftaufbereitung, etwa mittels Wendelscheidern, ein Konzentrat mit über 65% Fe zu erhalten. Ein Teil der feinen Abgänge müßte gegebenenfalls durch Magnetscheidung oder Flotation aufbereitet werden. Aufbereitungsversuche haben gute Ergebnisse gebracht. Das Eisenerz ist bemerkenswert gleichförmig ausgebildet.

Obwohl das Wabush Lake-Gebiet nur etwa 60 km westlich der Eisenbahnlinie nach Schefferville gelegen ist, gab es 1956 und 1957 in diesem Raum noch keine Straßen. Die Versorgung der Erkundungstrupps mußte daher zunächst auf dem Luftwege geschehen. Mehrere Flugplätze mußten angelegt werden, Verbindungswege gebaut und Motorbootverbindungen eingerichtet werden. Die 10 Diamantbohrgeräte waren auf Schlitten montiert und wurden mit Raupenschleppern von einem Bohrpunkt zum anderen befördert.

Wenn die Ausbeutung der Eisenerzvorkommen im Wabush Lake-Gebiet beschlossen werden sollte, würde sich die Errichtung einer Aufbereitungsanlage mit einer Kapazität von 5 Mio jato notwendig machen. Ferner müßten die Stromversorgungsanlagen erweitert und eine Zweiglinie von der Eisenbahn nach Schefferville nach dem Wabush Lake gebaut werden. Dadurch würde eine Gesamtproduktion des Knob Lake- und Wabush Lake-Gebiets von etwa 17 Mio jato erreicht werden, die der Transportkapazität der Bahnlinie entspricht.

Die Erkundungsarbeiten im Wabush Lake-Gebiet erforderten einen Aufwand von 2,5 Mio $. Wenn man noch die Erkundungskosten von 10 Mio $ im Knob Lake-Gebiet dazurechnet, so ist die Summe von 12,5 Mio $ wahrscheinlich der höchste Preis, der jemals auf dem nordamerikanischen Kontinent für Untersuchungsarbeiten durch geologische Kartierung und Schurfbohrungen bezahlt wurde.

Die beschriebenen großzügigen Aufschlußarbeiten im Quebec-Labrador-Eisenerztrog gehen von der Überlegung aus, daß der Bedarf der USA an Eisenerzen in den nächsten Jahren erheblich zunehmen wird. Man hat ihn für das Jahr 1980 auf 200 Mio t geschätzt, wobei etwa 80—85 Mio t durch Import gedeckt werden müssen. Auch wird der Bedarf der sich ausweitenden kanadischen Stahlindustrie steigen. Wenn man den zunehmenden Eisenverbrauch in Europa berücksichtigt, kann man einen zunehmenden Absatz für kanadisches Eisenerz voraussehen, der in einer Studie der künftigen Marktverhältnisse auf über 120 Mio t für 1980 veranschlagt wird. Das würde allerdings bedeuten, daß die hier aufgezeigten Entwicklungen noch konsequent fortgesetzt werden müßten.

Zusammenfassung

Verfasser beschreibt die Erkundungs- und Aufschluß-arbeiten im Quebec-Labrador-Eisenerztrog (Kanada). Auf die geologischen Verhältnisse des Erzgebietes, welches sich vom Südende des Labrador-Troges bis zur Hudson-Straße erstreckt, wird eingegangen.

Резюме

Автор описывает поисково-разведочные работы в железорудном бассейне Квебек-Лабрадора (Канада). Автор говорит о геологических условиях рудного района, простирающегося от южного края Лабрадорского бассейна до Гудзонского пролива.

Summary

A record is given of reconnaissance and exploration works carried out in the Quebec-Labrador iron ore trough (Canada). Geological conditions in the ore-bearing region from the southern end of the Labrador trough to Hudson Street are described.

Literatur

Sonderheft des Precambrian, Mining in Canada, Okt. 1958, mit Aufsätzen von ROGER GUIMOND: An Iron Empire; New Venture considered biggest and costliest in North America; Cyrus Eaton operations are most northerly in Quebec-Labrador Trough; Iron Ore Company Projekt opens vast part of Quebec-Labrador Trough.

Zur Methodik der Gangkartierung und ihrer statistischen Auswertung

LUDWIG BAUMANN, Freiberg (Sa.) & MANFRED KRAFT, Berlin

1. Einführung

Die genaue und exakte Erfassung der Erzvorräte in den Ganglagerstätten verlangt eine eingehende und gründliche Kartierungsaufnahme der einzelnen Erzgänge. Die Gangkartierung schafft neben der Probenahme die Grundlage zu einer montangeologisch und ökonomisch sinnvollen Erzvorratsberechnung und ist daher sowohl für den geologischen Erkundungsbetrieb als auch für den späteren Produktionsbetrieb von entscheidender Bedeutung. Darüber hinaus kann die Gangaufnahme bei einer statistischen Auswertung der Kartierungsergebnisse wichtige Hinweise für den weiteren Aufschluß erzhöffiger Gänge geben und somit richtungweisend für den weiteren Erkundungsablauf bzw. für den Ansatz von Aus- und Vorrichtungsarbeiten sein.

Für den Produktionsbetrieb würde weiterhin die Gangkartierung eine wertvolle Unterlage für die Abbauplanung bilden, die ja in den Gangerzbergbaubetrieben infolge der hier immer vorhandenen großen Unregelmäßigkeit des Erzabsatzes einerseits und der Forderung der Aufbereitungsanlage nach einem konstanten Roherzaufgabegehalt andererseits immer eine sehr schwierige und verantwortungsvolle Tätigkeit darstellt.

Auf Grund der in den vergangenen Jahren in einigen Erkundungs- und Produktionsbetrieben gemachten Erfahrungen sollen im folgenden die Aufgabe, Durchführung und Auswertung einer zweckmäßigen Gangkartierungsmethodik dargestellt werden.

2. Aufgabe der Gangkartierung

Die Gangdokumentation soll im wesentlichen über drei Fragenkomplexe Auskunft und eine möglichst gründliche Charakteristik geben:

a) Die geologisch-tektonische Situation des Erzganges

Die Gangdokumentation hat Angaben über das Streichen, das Einfallen und die Mächtigkeit des Ganges zu machen. Sie zeigt eventuelle tektonische Einflüsse, wie z. B. Ablenkungen, Verwerfungen, Auftrümerungen sowie das Verdrücken bzw. das Auftun des Ganges in Abhängigkeit vom Nebengestein usw. Damit soll ein umfassendes Bild über die Lage des Ganges gegeben werden.

b) Die mineralogisch-lagerstättenkundliche Charakteristik des Erzganges

Die Kartierung soll zeigen, welche Mineralisation, d. h. welche Erz- und Gangmineralien, in der Gangspalte zum Absatz gekommen ist. Damit wird gleichzeitig dargestellt, welche Paragenesen auftreten und in welchen Mächtigkeitsanteilen sie im Gang vorliegen. Es wird also damit Auskunft über den Inhalt des Ganges gegeben.

c) Die Vorratssituation des Erzganges

Die Kartierung soll in einem gewissen Umfang darlegen, welche Metalle auf Grund der jeweils gestellten industriellen und wirtschaftlichen Anforderungen bauwürdig vorhanden sind und in welchen Mengenanteilen sie gewonnen werden können. Außerdem wären die für die jeweilige Aufbereitungs- bzw. Hüttenverfahrenstechnik störenden Metalle mengenmäßig ebenfalls mit zu erfassen. Zusammenfassend würde damit der Gehalt des Erzganges dokumentiert.

An Hand einer solchen Gangkartierung wird es demnach dem Montangeologen möglich sein, einen umfassenden Überblick über den Gangverlauf im allgemeinen und über die Gangtektonik im besonderen zu erhalten. Durch die systematische Aufnahme erhält er einen gründlichen Einblick in die Eigenarten des jeweiligen Ganges, vor allem in bezug auf sein Verhalten im Streichen und Fallen sowie seine Ausbildung im unterschiedlichen Nebengestein. Auf Grund der gleichzeitigen Kartierung des unmittelbaren Nebengesteins, vor allem des Streichens und Fallens der Gesteinsschichtung bzw. -schieferung, können wichtige Schlußfolgerungen für das weitere Verhalten der Gangspalte gezogen werden. Bestimmte Veränderungen im Gangverlauf bzw. Vertaubungen, Auftrümerungen oder ein vollständiges Zerschlagen der Gangspalte könnten vorausgesagt werden und damit entsprechende Umlegungen der Erkundungs- oder Aus- und Vorrichtungsarbeiten ermöglichen. Durch die Aufnahme von Querverwerfungen und sonstigen übersetzenden Klüften können die tektonischen Gesetzmäßigkeiten der Verwerfungsrichtungen bzw. der sonstigen Gangablenkungen ermittelt werden und damit wertvolle Hinweise für eine schnelle und rationelle Wiederausrichtung der einzelnen verworfenen oder abgelenkten Gangtrümer gegeben werden (KRAFT & SEIFERT 1959).

Der Mineraloge und Lagerstättenkundler ist an Hand dieser Gangdokumentation sofort in der Lage, die unterschiedliche Mineralisation in ihrem Umfang, ihrer Verteilung und in ihrer Anordnung innerhalb des Gangraumes zu überschauen und den quantitativen Anteil sowie die Altersfolge von evtl. mehreren auftretenden Paragenesen zu bestimmen. Dadurch wird es möglich sein, auf den einzelnen Erzgängen Anhaltspunkte für vorhandene laterale Fazieswechsel (primäre Teufenunterschiede) und temporale Fazieswechsel (telescoping) zu gewinnen, welche ihrerseits wieder die Voraussetzung für eine Kennzeichnung der zonalen Verteilung der Mineralparagenesen in einem Gangbezirk sind und damit die Möglichkeit einer Abgrenzung der „höffigen" von den „nichthöffigen" Lagerstättenteilen geben. Die Bedeutung dieser Erkenntnis für die Lenkung und den Ablauf der weiteren geologischen Erkundungs- und Aufschlußarbeiten innerhalb eines Lagerstättenbezirkes ist so offensichtlich, daß man auf weitere Ausführungen dazu an dieser Stelle verzichten kann. Weiterhin hat der Lagerstättenforscher durch den an Hand der Gangkartierung erlangten Überblick über die Teilmächtigkeiten der verschiedenen Mineralparagenesen und unter Zuhilfenahme einer statistischen Auswertung der Kartierungsergebnisse die Möglichkeit, Abhängigkeiten der Paragenesenausbildung vom Verlauf der Gangspalte im Streichen und Fallen festzustellen.

Bei dem Aufschluß von mehreren Gängen innerhalb eines Lagerstättenbezirkes können dann schon von vornherein die Erzgänge auf Grund ihrer systematischen Kartierung in einer Gangkartei oder einem Lagerstättenarchiv wertmäßig geordnet werden, um damit dem späteren Produktionsbetrieb bereits einen lagerstättenkundlichen „Situationsplan" zu übergeben.

Der Bergmann soll mit Hilfe der Gangkartierung imstande sein, sich einen laufenden Überblick über die Erzführung und den Metallgehalt seiner für den Abbau vorgesehenen Gänge zu verschaffen, die bauwürdigen Teile der Gänge abzugrenzen und entsprechend auszublocken bzw. für den beginnenden Verhieb vorzurichten. Bei laufender Nachkartierung kann er sich weiterhin zu jedem beliebigen Zeitpunkt über die Verteilung der Erzvorräte innerhalb seines Grubenreviers an Hand der Kartierungsunterlagen und ihrer statistischen Auswertungen informieren. Diese Unterlagen sind dann sowohl für die Aufstellung der jährlichen Abbaupläne als auch für kurzfristige operative Änderungen bzw. Umstellungen in der laufenden Produktion von entscheidender Bedeutung. Die Belegung der einzelnen Abbaublöcke kann danach auf die von der Aufbereitung geforderten Aufgabemengen und Roherzgehalte abgestimmt werden, um vor allem einen möglichst gleichbleibenden Metallgehalt in der Roherzaufgabe zu sichern.

Schließlich sind dem Aufbereiter und in gewissen Fällen auch dem Hüttenmann an Hand der Gangaufnahmen und des zugehörigen Abbauplanes Auskunft und wertvolle Hinweise betreffs schädlicher bzw. die jeweilige Verfahrenstechnik erschwerender Metallgehalte zu geben.

Zusammenfassend kann festgestellt werden, daß eine moderne Methodik der Gangkartierung die obigen Forderungen erfüllen muß, wenn sie als notwendige Arbeitsgrundlage den Anforderungen der zukünftigen Montanindustrie gerecht werden soll. Sowohl dem Montangeologen, Mineralogen und Lagerstättenkundler als auch dem Bergmann, Aufbereiter und Hüttenmann gibt sie dann als Arbeitsgrundlage eine notwendige Hilfe und Unterstützung.

3. Durchführung der Gangkartierung

3.1 Methodik der Gangaufnahme

Bevor man mit den eigentlichen Kartierungsarbeiten beginnt, ist zu empfehlen, sich durch eine gründliche Befahrung des zu kartierenden Bereiches zunächst einmal eine gewisse Übersicht über die allgemeinen tektonischen und paragenetischen Gangverhältnisse zu verschaffen. An Hand der zu erwartenden Mineralisation und des Nebengesteins wäre dann evtl. auf der Grundlage bereits bestehender Normen für den betreffenden Lagerstättenbezirk eine Legende der wichtigsten Elemente der Gangkartierung anzulegen (Abb. 1). Im Rahmen dieser Vorbereitungen wird es weiterhin von Vorteil sein, die bereits über den Lagerstättenbezirk bzw. speziell über das Grubenrevier oder den betreffenden Erzgang existierende Literatur gründlich zu studieren, um über die evtl. schon bekannte tektonische Stellung und Formationszugehörigkeit des zu kartierenden Ganges eine Vororientierung zu bekommen. Weiterhin ist zu Beginn der Kartierungsarbeiten eine gründliche Einsichtnahme in das vorhandene markscheiderische Rißwerk vorzunehmen. Dabei ist das zu bearbeitende Gebiet abzugrenzen, die Möglichkeit der Befahrbarkeit zu überprüfen (Rücksprache mit den für die Sicherheit verantwortlichen Aufsichtspersonen!) und festzustellen, ob die Gangteile bereits bemustert oder noch unbemustert sind.

Wurde der zu kartierende Gangabschnitt bereits bemustert, so ist es angebracht, den Gang gleich in den vorhandenen Schlitzabständen (Querschlitzmethode!) zu profilieren. Infolge der häufigen Verschmutzung der Firste und Stöße hat man an Hand des Probeschlitzes gleich einen sauberen Aufschluß des Ganges und damit eine einwandfreie Kartierungsmöglichkeit. Die in den Gangbergbaubetrieben unseres Landes allgemein üblichen Schlitzabstände liegen bei 2, 3 oder 5 m. Im allgemeinen ist der verwendete Schlitzabstand von der jeweils vorhandenen durchschnittlichen Gangmächtigkeit und von der strukturmäßigen Art der gebauten Erzformation bzw. der Paragenese (z. B. massige, lagenförmige oder nesterartige Gangstruktur) abhängig. Die in den vergangenen Jahren vor allem in den sächsischen Erzbergbaubetrieben gemachten Erfahrungen und Untersuchungen zeigten, daß der größere Arbeitsaufwand bei einer weiteren Verdichtung der Schlitzmusterabstände unter 2 m in keinem Verhältnis zu der dabei erreichten Genauigkeitssteigerung steht. Andererseits wird bei Abständen von über 5 m in unseren Gangverhältnissen die Unsicherheit in der Gehaltsangabe zu groß.

Je nach Bedarf können jedoch zur Kartierung zwischen den Musterstellen (Hauptprofilen) noch ein bzw., wo es sich unbedingt erforderlich macht (bei Gangkreuzen, Abscharungen, Verwerfungen, starken Mächtigkeitsschwankungen u. a.), mehrere Hilfsprofile eingeschaltet werden. Die Hilfsprofile dienen zur Kontrolle von Veränderungen zwischen je zwei Hauptprofilen. Dabei wird es sich bei besonders verwickelten Gangverhältnissen, insbesondere an Gangkreuzen, oftmals erforderlich machen, das gesamte Firstenbild des Gangkreuzes in Dezimeterabständen zu profilieren.

Ist der zu kartierende Gangabschnitt noch nicht bemustert, dann müssen in der Gangstrecke mittels Meßband die Profillinien in konstanten Abständen gekennzeichnet werden. Der Gang wird danach in Einzelprofile unterteilt, mit deren Hilfe er dann in einem entsprechenden, übersichtlichen Maßstab (1:100, 1:200, 1:500) in seinem Verlauf und in seiner Ausbildung zeichnerisch annähernd naturgetreu dargestellt werden kann. Dabei soll jedoch das Wesen der Kartierung, nämlich die zeichnerische Vereinfachung des Dargestellten unter gleichzeitiger Hervorhebung bestimmter wesentlicher Merkmale durchaus erhalten bleiben. Bei der Kartierung selbst ist es zweckmäßig, die Firstebene als Bezugsebene anzunehmen. Der Verlauf des Ganges in Firsthöhe kann dann auf einen Streckenstoß eingemessen werden. Ist der Gang in der Firste überhaupt nicht aufgeschlossen, sondern nur in einem Stoß vorhanden, so muß er dann im Einfallen auf die Firsthöhe projiziert werden.

Bei stärkerer Verkrustung wird es sowohl bei den Haupt- als auch bei den Hilfsprofilen, vor allem aber bei abscharenden oder übersetzenden Trümern, oftmals notwendig sein, stellenweise die Firste und die Stöße mit Schlegel und Eisen freizulegen.

Die Kartierung der einzelnen Haupt- und Zwischenprofile wird zweckmäßigerweise mit Hilfe der für den jeweiligen Lagerstättenbereich bzw. Grubenbezirk gegebenen Kartierungsnormen (Abb. 1) sofort in einem Feldbuch unter Tage festgehalten. Dabei ist es sowohl aus Zweckmäßigkeitsgründen als auch vom Standpunkt der Sicherheit aus ratsam, für die untertägigen Kartierungsarbeiten immer jeweils zwei Personen einzusetzen. Die Feldbucheintragungen werden dann für die sich später meist anschließende statistische Auswertung der Kartierungsergebnisse (s. Abschn. 4) nochmals in eine tabellarische Zusammenstellung übertragen.

Zur eigentlichen Durchführung der Kartierung ist zu beachten, daß an den festgelegten Gangprofilen mit Hilfe des Geologenkompasses zunächst das Streichen und Fallen des Ganges festgestellt wird. Daran anschließend werden die einzelnen Mächtigkeiten (Gesamtmächtigkeit, Paragenesenmächtigkeit, Mineralmächtigkeit) mit einem Zollstock gemessen. Arbeitserleichternd ist es, wenn in das Feldbuch sofort die wahren Mächtigkeiten eingetragen werden, d. h., daß man die Umrechnung der in der Strecke meist aufgeschlossenen scheinbaren Gangmächtigkeit in die wahre Mächtigkeit gleich

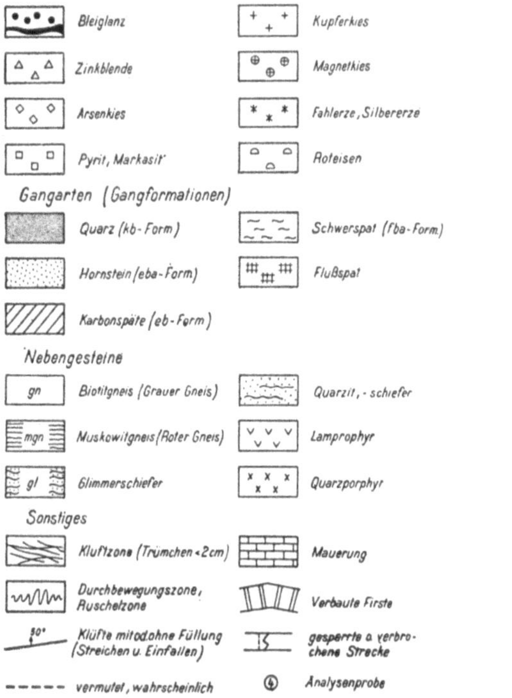

Abb. 1. Elemente der Gangkartierung (Beisp. aus dem Freiberger Lagerstättenbezirk)

während der Gangaufnahme vornimmt. Unter „Gesamtmächtigkeit" wird der Abstand vom liegenden zum hangenden Salband angenommen, einschließlich der erzfreien Zwischenmittel, soweit sie nicht später bergmännisch ausgehalten werden können (vorwiegend abhängig vom Abbauverfahren und von der Schießtechnik). Wurden die Schlitzmuster nicht von der gesamten Mächtigkeit gezogen, so müssen später bei der Gehaltsermittlung die Analysen auf die Gesamtmächtigkeit = Erzmächtigkeit + tauber Ganganteil umgerechnet werden.

Die Beschaffenheit der Salbänder (Verwachsung, Bestege, Lettenzone, Ruschelbildung u. a.) sowie eine hydrothermale oder anderweitige Beeinflussung des Nebengesteins (Verkieselung, Kaolinisierung, Chloritisierung u. a.) sind zu vermerken bzw. in der Kartierung durch entsprechende Angaben zu kennzeichnen.

Zur Klärung der tektonischen Verhältnisse des Ganges ist es notwendig, seine Salbänder auf vorhandene Rutschstriemen zu untersuchen. Werden Harnischbildungen festgestellt, so ist das Streichen und Fallen der Gleitfläche sowie der Fallwinkel der Striemung gegen die Horizontale zu messen. Wenn möglich, ist noch der Bewegungssinn an Hand der Rutschflächenausbildung zu bestimmen.

Die Messung der Einzelmächtigkeiten (Paragenesen- und Mineralmächtigkeit) wird manchmal, besonders bei massiger Gangstruktur, nicht so leicht möglich sein. In diesem Falle muß dann entlang der festgelegten Profillinie eine Summierung der einzelnen Komponenten erfolgen oder bei ganz komplizierten Verwachsungen eine mehrmalige, voneinander unabhängig durchgeführte Schätzung vorgenommen werden, wobei anschließend die geschätzten Werte zu mitteln sind. Dort, wo keine Musteranalysen vorliegen, bilden die gemessenen Mineralmächtigkeiten die Grundlage zur späteren Gehaltsberechnung.

Übersetzende Gänge und Querklüfte sowie An- und Abscharungen sind ebenfalls nach Streichen und Fallen aufzunehmen. Ihre Mächtigkeiten, ihre tektonischen Beziehungen zum Hauptgang und ihre Paragenesenfüllung bzw. sonstige Ausbildung sind zu bestimmen und entsprechend zu vermerken.

Weiterhin ist es notwendig, daß man in größeren Streckenabständen (20—30 m) die Art und Beschaffenheit des Nebengesteins sowie das Streichen und Fallen seiner Schichtung bzw. Schieferung feststellt. Ein evtl. Einfluß des Nebengesteins auf den Gangspaltenverlauf und auf die Gangausbildung ist ebenfalls zu vermerken, da aus ihm oftmals unmittelbar wichtige Schlußfolgerungen für den weiteren Verlauf der bergmännischen Auffahrungen gezogen werden können.

3.2 Methodik der Darstellung

Zur zeichnerischen Darstellung der Gangaufnahme wird man sich der meist immer vorhandenen rißlichen Unterlagen der Markscheiderei bedienen[1]). Die kartierten Gangstrecken sind aus dem jeweiligen Betriebsriß (M. 1:1000 oder 1:2000) auf den gewünschten Kartierungsmaßstab (z. B. 1:500, 1:200 oder 1:100) zu vergrößern (mit einem Hilfsnetz oder Pantographen). In dieses Streckennetz ist der kartierte Gang mit Hilfe der durch die Profilierung erhaltenen Werte in dem gleichen Maßstab streichgetreu einzuzeichnen. Dazu sind

[1]) Sollte die zu kartierende Strecke noch nicht markscheiderisch erfaßt worden sein, so müßte zur provisorischen Fixierung der Gangstrecke zunächst ein Kompaßzug gelegt werden.

die für den Lagerstättenbereich gegebenen Kartierungselemente (Abb. 1) zu benutzen. Zur Kartierung selbst ist zu empfehlen, die auftretenden Paragenesen mittels verschiedener Flächensignaturen zu kennzeichnen (Grautönung, Schraffur, Punktierung u. a.), in welche dann die bei der Bemusterung festgestellten Einzelmineralien eingetragen werden (Abb. 2). Zur Erreichung einer besseren Übersichtlichkeit ist von Fall zu Fall, vor allem in Lagerstättenbereichen mit sehr geringen Gangmächtigkeiten, eine Überhöhung der kartierten Gangmächtigkeit vorzunehmen. Bei übersetzenden Gangtrümern und Klüften, die oftmals eine sehr geringe Mächtigkeit aufweisen, kann der Mächtigkeitswert und die Ausfüllung an diesen vermerkt werden (Abb. 2).

Das Einfallen des Ganges wird durch eine Fallinie dargestellt. Als Bezugslinie dient dabei jeweils die Streckenulme, nach der die Einfallrichtung des Ganges weist. Das Einfallen selbst wird von dieser Linie aus rechtwinklig in einem bestimmten Maßstab (z. B. 10° = 5 mm) nach der Einfallseite hin abgetragen, wobei die Streckenulme selbst einem Einfallen von 90° entspricht. Diese Darstellungsart vermittelt ein klares, übersichtliches Bild vom Gangeinfallen und dessen evtl. vorhandenen Beziehungen zur Ausbildung und Mineralisation der Gangspalte.

Im Unterschied zu den horizontalen Gangstrecken wird der Gang in Überhauen oder sonstigen vertikalen Grubenbauen im Einfallen dokumentiert und das Streichen als Streichlinie über der entsprechenden Ulme abgetragen. Das Generaleinfallen ist möglichst parallel zum Blattrand zu legen, wobei die Lotrechte durch einen Pfeil gekennzeichnet wird (Abb. 3).

Zur näheren graphischen Auswertung der Kartierung ist über der Gangdarstellung ein Diagramm zu zeichnen, auf dessen Abszisse, die annähernd parallel zum Generalstreichen des kartierten Gangabschnittes verläuft, die Bemusterungsstellen (= Hauptprofillinien) projiziert werden. Längs der Abszisse sind in einem bestimmten Maßstab nach unten die Gangmächtigkeiten als Banddiagramm darzustellen, wobei die Werte für die einzelnen Paragenesen übereinander abgetragen werden, so daß die oberste Linie gleichzeitig die Gesamtmächtigkeit wiedergibt. Entsprechend bandförmig sind von der Abszisse nach oben die Vererzung, ausgedrückt in Meterprozent Metall (im %) oder als Metallschüttung in kg Metall pro m², abzutragen. Dazu wird es oftmals zweckmäßig sein, jeweils drei Meßpunkte zu einem Durchschnittswert zusammenzufassen (Abb. 4). Der Grund für die Ermittlung und zeichnerische Darstellung der Meterprozente Metall bzw. der Metallschüttung liegt darin, daß für die Bewertung einer Ganglagerstätte die Kenntnis der Metallgehalte allein nicht mehr genügt, sondern zusätzlich noch die Lagerstättenmächtigkeit berücksichtigt werden muß. Denn je mächtiger ein Gangteilabschnitt ist, um so größer ist, unter der Voraussetzung gleicher Gehalte, auch seine Metallschüttung. Deshalb kann nur das Produkt aus Metallgehalt und Mächtigkeit den ökonomischen Wert eines Erzgangkörpers genügend charakterisieren.

Für die Berechnung der Meterprozente Metall (m % M) gilt:

$$\boxed{m\,\%\,M = G\,\%\,M \cdot m_G}$$

darin bedeutet: G % M = Gewichtsprozente Metall
m_G = wahre Gangmächtigkeit
(= wahre Schlitzmächtigkeit)

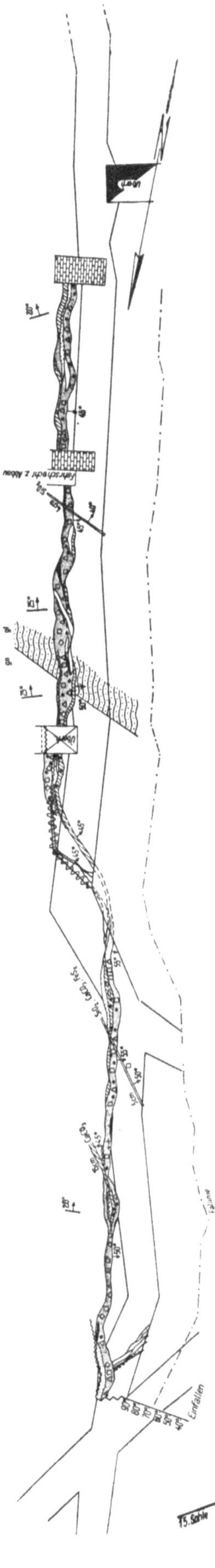

Abb. 2. Kartierungsbeispiel einer Gangstrecke

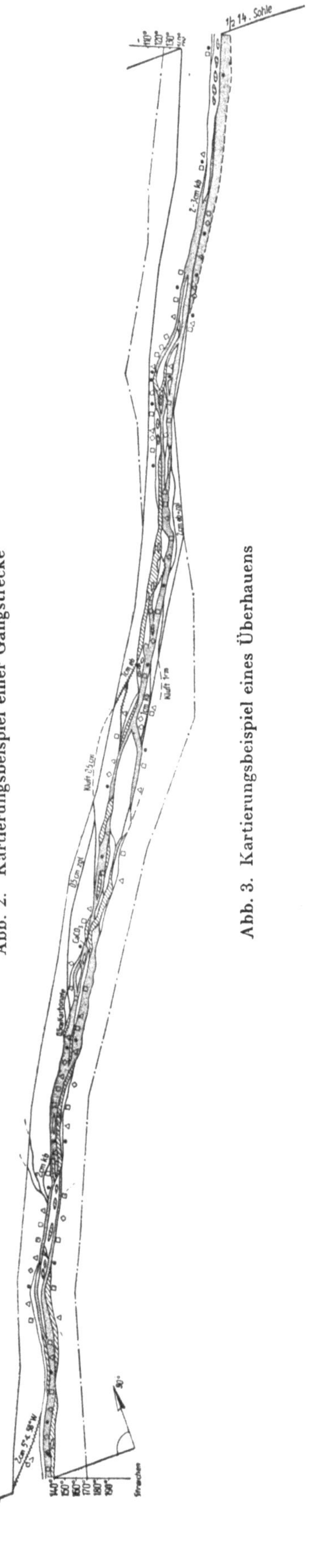

Abb. 3. Kartierungsbeispiel eines Überhauens

Bei dieser Berechnung ist G%M durch die chemische Probemusteranalyse gegeben. Liegt jedoch noch keine Probenahme vor, so müssen die mit Hilfe der Augenmeßbemusterung erhaltenen Volumenanteile (Mächtigkeiten) der einzelnen Erzmineralien zunächst zweckmäßigerweise auf die entsprechenden Volumenanteile des jeweiligen Metalls (mit Hilfe der Tabellen, OELSNER 1952 oder v. PHILIPSBORN 1933) umgerechnet werden. Aus den Volumenanteilen des Metalls („Metallmächtigkeit") ist dann die Berechnung der Gewichtsprozente möglich:

$$G\,\%\,M = \frac{m_M \cdot \gamma_M}{\Sigma\,(m_M \cdot \gamma_M)} \cdot 100$$

dabei ist m_M = Metall- bzw. Mineralmächtigkeit
γ_M = Dichte des Metalls oder Minerals

Neuerdings ist es jedoch für den praktischen Betrieb zweckmäßiger, gleich die Metallschüttung pro Quadratmeter Gangfläche (kg M/m^2) anzugeben, welche sich aus der einfachen Multiplikation der bereits berechneten m%M mit der entsprechenden Metalldichte γ_M ergibt:

$$kg\,M/m^2 = \frac{m\,\%\,M}{100} \cdot \frac{\gamma_M \cdot 10^6}{1000}$$

$$\boxed{kg\,M/m^2 = m\,\%\,M \cdot \gamma_M \cdot 10}$$

Diese Kartierungsmethode, gekoppelt mit den dazugehörigen graphischen Auswertungsdiagrammen, ermöglicht einen raschen Überblick über die Ausbildung und Mineralisation eines Erzganges. Sie ist eine wertvolle Unterlage für eine schnelle und richtige Erfassung der Erzvorräte und für eine operative Abbauplanung, auf deren einzelne Durchführungsmöglichkeiten jedoch an dieser Stelle nicht näher eingegangen werden kann. Sie erfüllt damit weitgehend die Anforderungen, die an eine moderne Gangkartierung gestellt werden müssen, und bietet darüber hinaus weitere Möglichkeiten zu noch eingehenderen statistischen Auswertungen und Untersuchungen über evtl. vorhandene Gesetzmäßigkeiten der Vererzung. Auf letztere soll im folgenden noch etwas näher eingegangen werden.

4. Statistische Auswertung von Gangkartierungen

Hauptziel einer systematischen Gangaufnahme ist — wie jegliche praktische Lagerstättenuntersuchung überhaupt —, Regeln oder gesetzmäßige Abhängigkeiten innerhalb der Lagerstätte zu ermitteln, die sowohl für den Erkundungsgeologen als auch für den praktischen Bergmann bei der Durchführung ihrer Aufgaben von Bedeutung sind. Für eine Ganglagerstätte heißt das, Abhängigkeiten der Vererzung von der Richtung innerhalb einer Gangspalte und darüber hinaus innerhalb verschiedener Gangspaltensysteme zu finden. Da z. B. im Freiberger Gebiet verschiedene Vererzungsphasen mit unterschiedlicher wirtschaftlicher Bedeutung auftreten, ist es notwendig, die nach genetischen Gesichtspunkten geschaffenen Gangkartierungen nicht nur qualitativ, sondern auch quantitativ auszuwerten. Mit anderen Worten heißt das, die quantitative Verteilung der einzelnen Erzparagenesen in Abhängigkeit von der Gangspaltenrichtung zu ermitteln und daraus evtl. vorhandene Gesetzmäßigkeiten abzuleiten. Bis zu welchem Grade im Falle Freiberg die Auswertung durchgeführt werden konnte und bis zu welchen Schlußfolgerungen man dabei gelangte, ist von BAUMANN (1958) in einer neuen Bearbeitung des Freiberger Lagerstättenbezirks gezeigt worden.

Tabelle 1. Die Abhängigkeit der Erzmineral-Schüttung vom Streichen und Fallen des Ganges A (stehendes Streichen)

	Auffahrungsmeter	Schüttung[1]) (kg/m^2)				Bemerkungen
		PbS	ZnS	FeS_2	FeAsS	
Streichen						
175°	–				–	() Randwerte nicht berechnet
0°	(5)					
5°	(5)					
10°	15	4	15	40	50	
15°	8	11	12	80	60	
20°	9	25	17	55	55	
25°	14	48	25	22	70	
30°	105	10	43	200	150	
35°	15	15	38	260	170	
40°	30	8	94	140	74	
45°	18	5	16	74	70	
50°	75	8	23	130	64	
55°	65	10	65	265	90	
60°	(5)					
65°	(2)					
70°	(10)					
Fallen						
25°	(2)					
30°	(2)					
35°	70	10	52	130	80	
40°	110	22	42	120	86	
45°	85	7	50	135	70	
50°	15	4	47	280	240	
55°	30	1	6	260	102	
60°	45	5	10	280	180	
65°	(4)					
70°	(6)					
75°	(2)					

[1]) Unter Schüttung wurde hier die Erzmineralschüttung angegeben. Es ist neuerdings zweckmäßiger, gleich die Metallschüttung einzusetzen.

Zu einer derartigen Bearbeitung ist eine exakte statistische Auswertung eines umfangreichen Dokumentationsmaterials unerläßlich. Eine große Zahl von Meßwerten ist, da es sich um eine statistische Auswertung handelt, stets anzustreben und für eine zufriedenstellende Beurteilung der Ergebnisse notwendig. Dabei ist es zweckmäßig, die Auswertung zunächst sohlenweise durchzuführen, da so neben der Richtungsabhängigkeit gleichzeitig Teufenabhängigkeiten der Vererzung erkannt werden können. Weiterhin ist es bei verschiedenen Nebengesteinen empfehlenswert, die Auswertung nach dem entsprechenden Nebengestein getrennt vorzunehmen, wie dies z. B. im Revier Brand südlich von Freiberg

Tabelle 2. Die Abhängigkeit der Erzmineral-Schüttung vom Streichen und Fallen des Ganges B (flaches Streichen)

	Auffahrungsmeter	Schüttung (kg/m^2)				Bemerkungen
		PbS	ZnS	FeS_2	FeAsS	
Streichen						() Randwerte nicht berechnet
145°	40	28	20	45	12	
150°	70	14	60	48	25	
155°	80	30	35	65	20	
160°	70	72	41	70	35	
165°	30	45	45	73	55	
170°	60	40	47	105	66	
175°	65	54	84	90	70	
180°	(15)	–	–	–	–	
Fallen						
35°	(10)					
40°	20	9	11	13	18	
45°	50	12	22	55	50	
50°	170	34	48	59	37	
55°	95	102	65	130	40	
60°	50	5	18	45	22	
65°	30	10	50	65	35	
70°	(5)					

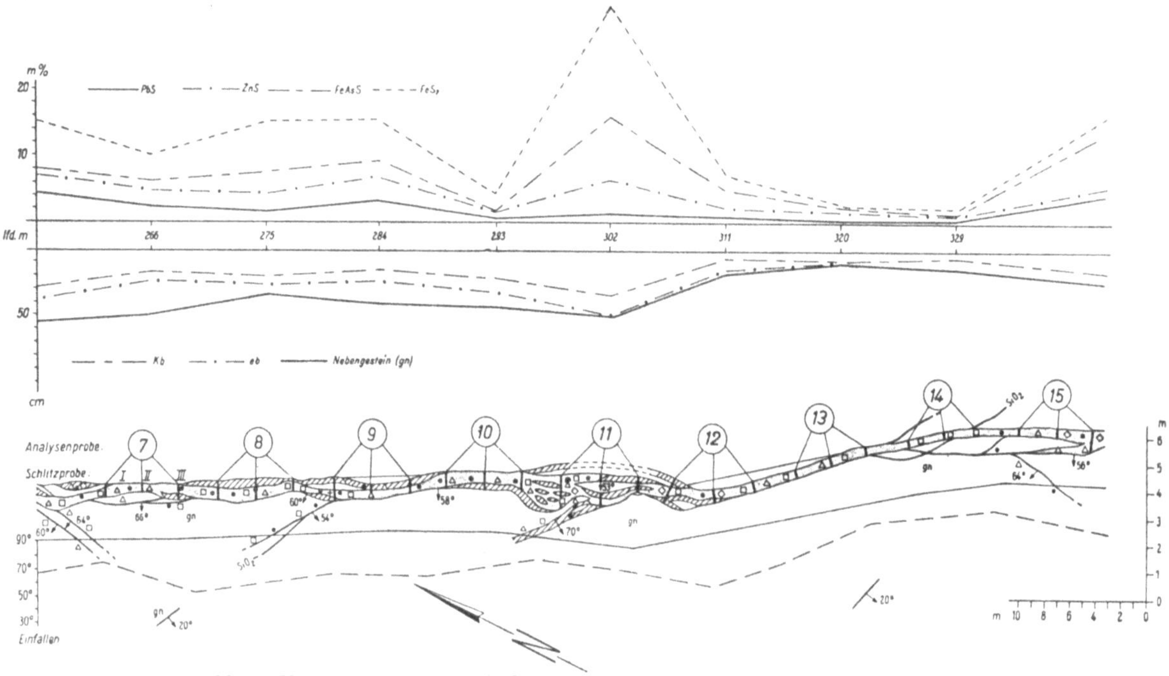

Abb. 4. Kartierungsbeispiel mit Mächtigkeits- und Mineralisationsdiagrammen

mit interessanten Ergebnissen bereits durchgeführt wurde.

4.1 Methodik der statistischen Auswertung

Als Grundlage für die statistische Auswertung dient die Kartierung einer Gangspalte über ihre gesamte streichende Auffahrung, wie sie z. B. in Abbildung 4 ausschnittsweise dargestellt ist. Die Auswertung geschieht aus den genannten Gründen sohlenweise. Alle Meßwerte (Mächtigkeiten der einzelnen Paragenesen, Gesamtmächtigkeit, Schüttungen der einzelnen Mineral- bzw. Metallkomponenten, Analysenwerte oder Meterprozente) sind in Abständen von 9 m neben der eigentlichen Gangkartierung dargestellt (vgl. Abb. 4). Es ist nunmehr die Aufgabe, diese Kartierungen mit geeigneten Methoden so auszuwerten, daß eine bestehende richtungsbedingte Erzführung deutlich in Erscheinung tritt. Die Methodik der Auswertung muß sich nach der anzuwendenden Darstellungsmethode richten. Da in jedem Falle eine graphische Darstellung einer unübersichtlichen tabellarischen Form vorzuziehen ist, kommen für unsere Darstellung zwei Methoden in Betracht:

1. die kurvenartige Darstellung in Form von Kluftrosen,
2. die punktförmige Darstellung im Kluftdiagramm nach SCHMIDT.

Während es die zweite Art der Darstellung ohne weitere Zwischenarbeiten erlaubt, die vorliegenden Meßwerte mit Hilfe des SCHMIDTschen Netzes sofort graphisch darzustellen, erfordert die Kluftrosendarstellung einfache, jedoch umfangreiche Rechenarbeiten zur Ermittlung der mittleren Mächtigkeiten, Schüttungen, Meterprozente o. ä. Hierzu ist es also notwendig, die entsprechenden Mittelwerte über eine gleichstreichende bzw. -einfallende Gangpartie zu ermitteln und daraus den Gesamtmittelwert für die entsprechenden Streich- und Einfallrichtungen aller bearbeiteten Gangaufschlüsse zu bilden. Hierbei wird zur Berechnung das gewogene arithmetische Mittel angewandt, da der Mittelwert einer langen, gleichstreichenden bzw. -einfallenden Gangpartie das Ergebnis mehr beeinflussen muß als das einer kurzen. Die so erhaltenen Mittelwerte werden zweckmäßigerweise zunächst in tabellarischer Form den entsprechenden Gangrichtungen (Streichen und Einfallen) von 5° zu 5° variierend zugeordnet (Tabellen 1—4).

In Tab. 1 und 2 sind für jede nutzbare Mineralkomponente die besonders den Praktiker interessierenden

Tabelle 3. Die Abhängigkeit der mittleren Mächtigkeit vom Streichen und Fallen des Ganges A (stehendes Streichen)

	Auf-fahrungs-meter	Mittlere Mächtigkeit (cm) Kiesige Bleierzformation Gesamt	Abfolge I	Abfolge II	Abfolge III	Edle Braunspat-formation	Bemer-kungen
Streichen							Abfolge I: i. w. FeAsS, FeS_2, SiO_2; Abfolge II: ZnS, ($CuFeS_2$, $Cu_2Fe SnS_4$); Abfolge III: PbS
175°	—	—	—	—	—	—	
0°	(5)	24				3	
5°	(5)	18				2	
10°	15	15	10,0	2,0	0,5	1	
15°	8	40	20,0	3,0	1,5	1	
20°	19	35	15,5	4,0	2,0	—	
25°	14	20	9,0	3,5	1,5	—	
30°	105	27	19,5	3,0	0,4	—	
35°	15	39	32,0	3,5	0,8	—	
40°	30	33	20,0	6,0	0,5	—	
45°	18	21	17,0	1,6	0,4	—	
50°	75	23	18,0	2,5	0,5	—	
55°	65	35	25,0	6,0	0,5	—	
60°	(5)	23				—	
65°	(2)	43				—	
70°	(10)	20				—	
Fallen							
25°	(2)	11					
30°	(2)	3					
35°	70	19	12,0	3,5	0,5	—	
40°	110	18	13,0	3,0	1,0	—	
45°	85	23	17,0	3,5	0,4	—	
50°	15	29	24,0	3,0	0,1	—	
55°	30	13	10.0	2,0	0,2	1	
60°	45	30	20,0?	6,5?	1,5?	2	
65°	(4)	17					
70°	(6)	40					
75°	(2)	38					

Tabelle 4. Die Abhängigkeit der mittleren Mächtigkeit vom Streichen und Fallen des Ganges B (flaches Streichen)

	Auffahrungsmeter	Mittlere Mächtigkeit (cm) Kiesige Bleierzformation Gesamt	Abfolge I	Abfolge II	Abfolge III	Edle Braunspatformation	Bemerkungen
Streichen							
145°	40	30	13,0	4,5	2,5	1	Abfolge I:
150°	70	35	12,0	12,0	2,0	8	i. w. FeAsS, FeS_2,
155°	80	31	12,2	6,2	3,3	10	SiO_2, Abfolge II:
160°	70	32	13,0	6,0	4,0	8	ZnS ($CuFeS_2$, Cu_2Fe
165°	30	25	15,0	4,4	2.5	5	SnS_4), Abfolge III:
170°	60	28	18,0	3,6	1,0	2	PbS
175°	65	34	20,0	18,0	1,0	2	() Randwerte nicht
180°	(15)	32					berechnet
Fallen							
35°	(10)						
40°	20	9	4,0	1,5	1,0	1	
45°	50	19	8,0	3,0	1,0	2	
50°	170	28	12,0	5,0	3,0	3	
55°	95	39	13,1	6,2	5,5	9	
60°	50	31	14,5	4,5	0,6	8	
65°	30	45	16,5	7,5	0,8	10	
70°	(5)						

Schüttungen in kg/m^2 in Abhängigkeit vom Streichen und Fallen zusammengestellt, dagegen in Tab. 3 und 4 die mehr genetisch interessierenden Mächtigkeiten der einzelnen Paragenesen. Als Beispiele sind zwei verschiedene Gangtypen gewählt worden, die im folgenden graphisch dargestellt sind.

Es ist durchaus notwendig, die Auffahrungsmeter innerhalb jeder bestimmten Streich- bzw. Fallrichtung stets mit anzugeben (Spalte 2 in den Tabellen), da diese für die Beurteilung der erhaltenen Mittelwerte unerläßlich sind. So sind z. B. Mittelwerte, die nur aus wenigen Meßwerten errechnet wurden, sehr vorsichtig zu beurteilen und als Randwerte zu behandeln. Dies trifft im allg. für Streich- bezw. Fallrichtungen zu, die stark von der Hauptrichtung abweichen (s. Tab.)

Die graphische Darstellung in Form von Kluftrosen ist nunmehr nach diesen Vorarbeiten ohne Schwierigkeiten möglich.

4.2 Darstellungsweisen

Wie bereits erwähnt, kommen für die graphische Darstellung der Meßergebnisse zwei Methoden in Betracht, die jede für sich gewisse Vor- und Nachteile aufweisen.

Der Vorteil der Kluftrosendarstellung liegt einmal in der zeichnerischen Darstellung selbst, die ein sehr anschauliches und übersichtliches Bild vermittelt und auch dem Nichtfachmann relativ schnell verständlich ist. Ein weiterer Vorteil ist in der Darstellung von gemittelten Meßwerten zu sehen, die für den Praktiker für die wirtschaftliche Beurteilung der Gänge von Bedeutung sind und den Vergleich der Erzführung einzelner Gangteile und Gänge untereinander nicht nur bezüglich ihrer Richtung, sondern darüber hinaus auch nach der Intensität der Vererzung ermöglichen. Dagegen macht sich die für diese Methode notwendige umfangreiche Rechenarbeit sehr nachteilig bemerkbar. Ein weiterer Nachteil ist auch die getrennte Betrachtung der Erzführung, einmal in Abhängigkeit vom Streichen und zum anderen vom Einfallen. Es kann nämlich zwischen Streich- und Einfallrichtung selbst eine Wechselwirkung hinsichtlich der Spaltenöffnung bestehen. So scheinen Gangspalten, die wohl in einer für die Spaltenöffnung günstigen Streichrichtung verlaufen, nicht immer genügend geöffnet zu sein, wenn der Einfallwinkel entsprechend ungünstig liegt und umgekehrt.

Diese Nachteile entfallen bei der Darstellung der Meßwerte nach der in der Gefügekunde üblichen Methode der Kluftdiagramme mit Hilfe des SCHMIDTschen Netzes. Die Streich- und Fallrichtung wird hier durch die Flächennormale in einem Punkt zur Darstellung gebracht, denen in unserem Falle noch die entsprechenden Meßwerte (Mächtigkeiten usw.) durch geeignete Signaturen zugeordnet werden können.

Der große Vorteil dieser Methode liegt in der Ersparnis der zeitraubenden Rechenarbeiten. Demgegenüber lassen sich jedoch nur ungemittelte Einzelwerte oder vielmehr Einzelwertbereiche darstellen. Um die Übersichtlichkeit zu erhalten und um eventuell bestehende Maxima nicht durch eine Vielzahl von Signaturen zu „verwischen", macht es sich notwendig, die Meßwerte in Bereiche zusammenzufassen. Eine Einteilung in mehr als vier derartige Bereiche ist aber kaum anwendbar.

4.21 Kluftrosendarstellung

Die nach 4.1 erhaltenen Mittelwerte (Tab. 1—4) werden in der jeweils entsprechenden Richtung in einem angemessenen Längenmaß von einem um den Mittelpunkt der Kluftrose geschlagenen Kreisbogen (aus zeichnerischen Gründen) aufgetragen.

Im folgenden sind Beispiele von zwei verschiedenen Gangtypen dargestellt (Abb. 5—7). Randwerte, d. h. Mittelwerte aus nur wenigen Meßpunkten, sind als Extremwerte zu betrachten und daher gestrichelt zu zeichnen oder besser ganz wegzulassen.

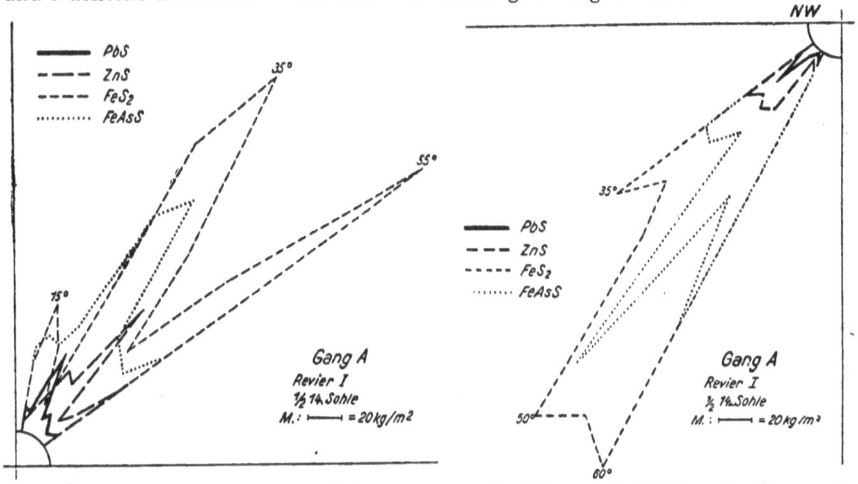

Abb. 5a u. b. Abhängigkeit der Schüttung vom Streichen und Einfallen des Ganges A (stehendes Streichen)

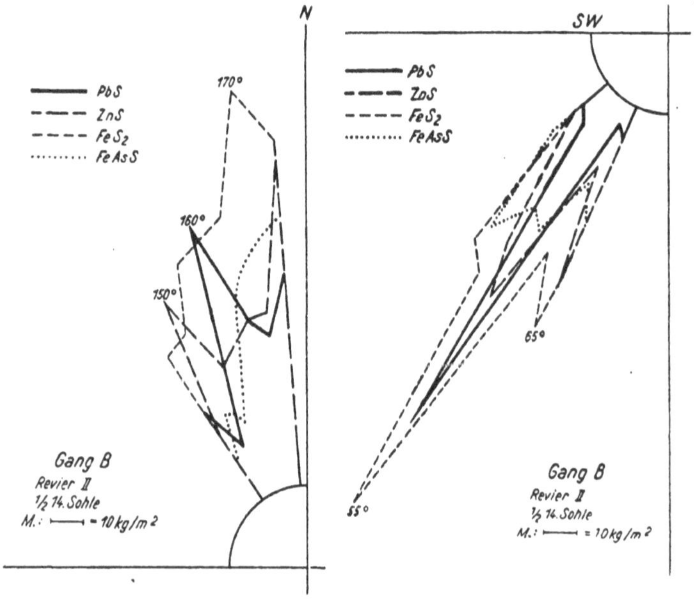

Abb. 6a u. b. Abhängigkeit der Schüttung vom Streichen und Einfallen des Ganges B (flaches Streichen)

Abb. 5a zeigt am Beispiel des Ganges A die Abhängigkeit der Mineralschüttung vom Streichen. Recht deutlich kommt hier zum Ausdruck, daß beim Gangtyp A mit stehendem, d. h. NO-SW-Streichen, gegenüber dem Gangtyp B (vgl. Abb. 6a) die ältere und hochthermale Mineralisation (Abfolge I mit vorwiegend FeAsS und FeS_2) vorherrscht und die Maxima dieser Vererzung im Gangstreichen von 35° und 55° liegen. Dagegen zeigen die jüngeren und wirtschaftlich wichtigeren Abfolgen II (i. w. ZnS) und III (PbS) bei geringerer Schüttung ihre optimale Vererzung in Spaltenrichtungen mit 40° und 25° Streichen.

Abb. 5b zeigt für den gleichen Gang die Abhängigkeit der Vererzung vom Einfallen. Auch hier läßt sich wiederum erkennen, daß die optimalen Vererzungsrichtungen der jüngeren Abfolgen (II und III) und der älteren Abfolge (I) nicht zusammenfallen. Es zeigt sich vielmehr eine Anreicherung der jüngeren Abfolgen in flacher einfallenden Gangpartien.

Abb. 6a und 6b sollen die Richtungsabhängigkeit der Vererzung am Beispiel des Ganges B zum Ausdruck bringen. Beim Gangtyp B mit flachem, d. h. NW-SO-Streichen tritt die Abfolge I zugunsten der wirtschaftlich interessierenden Abfolgen II und III zurück. Während die optimale Bleiglanzschüttung an Streichrichtungen um 160° gebunden ist, nimmt die Schüttung besonders von FeAsS und FeS_2 in Gangrichtungen zu, die sich der N-S-Richtung nähern.

In Abb. 7 sind die Paragenesenmächtigkeiten in Abhängigkeit von den Spaltenrichtungen für den Gangtyp A und B dargestellt. Die Anwendung der Paragenesenmächtigkeiten und der hier gezeigten Darstellungsmethode eignet sich am besten dazu, die spaltentektonischen Vorgänge während der Lagerstättenbildung zu rekonstruieren und so die festgestellten Gesetzmäßigkeiten bei der Erkundung neuer Gänge zu berücksichtigen. Da Spaltenöffnung und -füllung unmittelbar aufeinanderfolgende Vorgänge darstellen, lassen sich also auf Grund der Mächtigkeitsverteilung der einzelnen Paragenesen die einzelnen Phasen der Spaltenöffnung (nicht Spaltenanlage!) in ihrer zeitlichen Folge, ihrer Intensität und ihrer Richtung ermitteln. Im vorliegenden Beispiel ist u. a. zu erkennen, wie die Intensität der Spaltenöffnung vom NO-SW-Streichen (Absatz vorwiegend der älteren Abfolge I) entgegen dem Uhrzeigersinn in die NW-SO-Richtung (Absatz der jüngeren Abfolgen II und III und der noch jüngeren karbonatischen Abfolge) dreht.[2])

4.22 Darstellung in Kluftdiagrammen

Auf die Vor- und Nachteile dieser Darstellungsmethode ist bereits hingewiesen worden. Auf die Methodik dieses Verfahrens selbst soll hier nicht näher eingegangen werden. Es sei hierzu auf die einschlägige Literatur verwiesen (Schmidt 1925, Sander 1948).

Jeder Meß- oder Analysenwert wird ungemittelt im Diagramm punktförmig (als Durchstoßungspunkt der Flächennormalen) eingetragen. Die Unterschiedlichkeit der Werte wird durch entsprechende Signaturen oder Farben zum Ausdruck gebracht. Da zur Erhaltung der Übersichtlichkeit nur einige Signaturen oder Farben zur Darstellung gelangen können, ist es nicht möglich, jeden Wert absolut wiederzugeben, sondern notwendig, die Einzelwerte in Bereiche zusammenzufassen.

Im folgenden ist am Beispiel des Ganges C eine Darstellung im Kluftdiagramm wiedergegeben (Abb. 8).

In Abb. 8a—8c sind wie in Abb. 7 bei anderer Darstellungsmethodik ebenfalls die Mächtigkeiten der einzelnen Paragenesen in Abhängigkeit von der Spaltenrichtung zur Darstellung gebracht worden. Es lassen sich hier ähnliche Betrachtungen anstellen und Schluß-

[2]) Ausführliche Diskussion dieser Fragen in Baumann (1958)

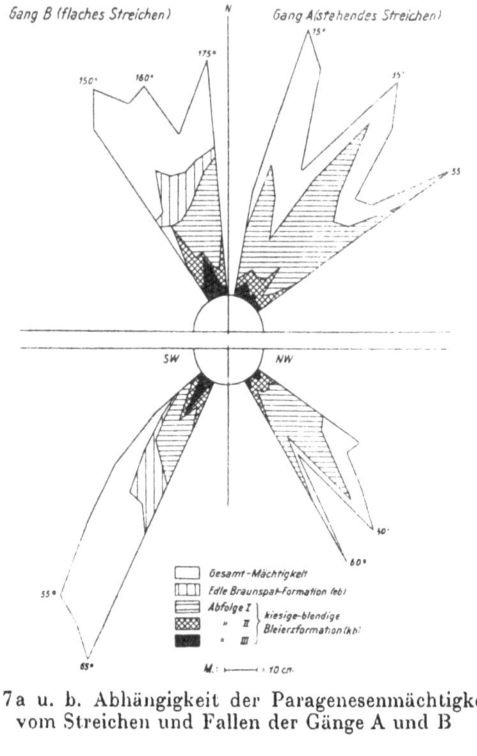

Abb. 7a u. b. Abhängigkeit der Paragenesenmächtigkeiten vom Streichen und Fallen der Gänge A und B

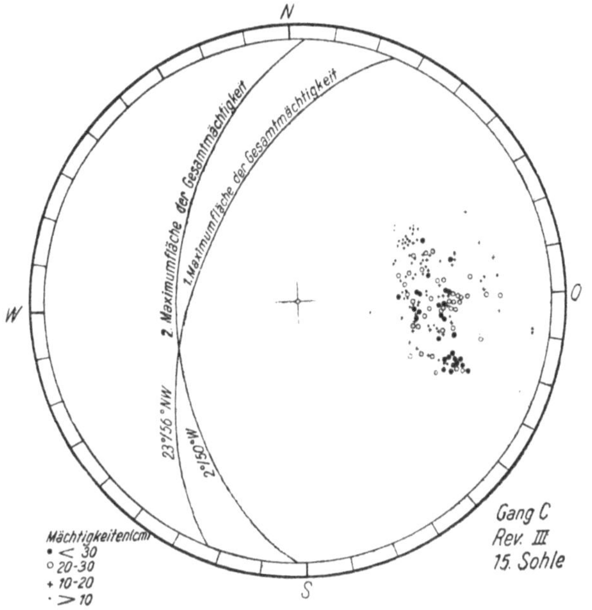

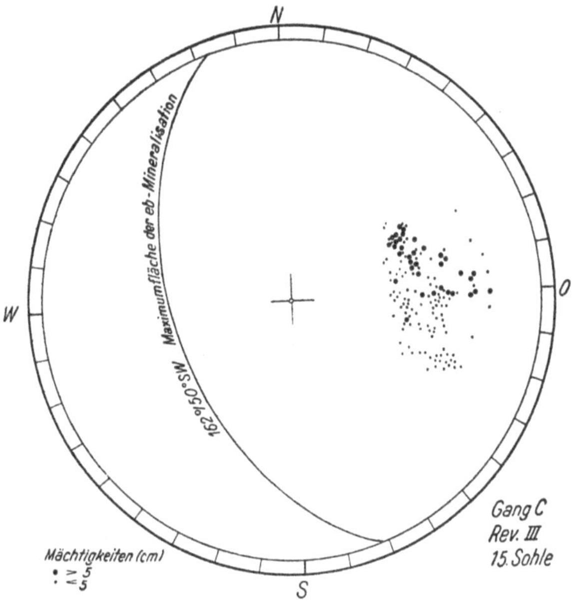

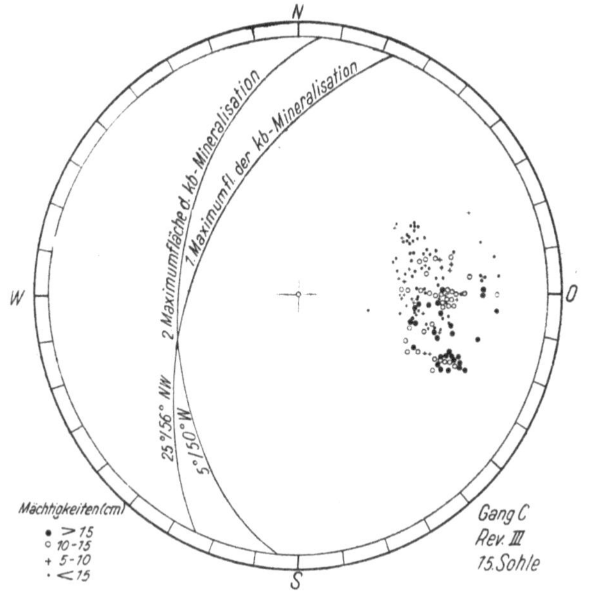

Abb. 8a bis c. Abhängigkeit der Gesamtmächtigkeit, der kb- u. eb-Mächtigkeiten vom Streichen und Einfallen des Ganges C

folgerungen ziehen. Auch hier ist festzustellen, wie sich die Gangspaltenöffnung in zeitlicher Folge von NO-SW-streichenden Gangpartien (z. Z. der kb-Mineralisation, Abfolge I) auf solche mit NW-SO-Streichen (z. Z. der jüngeren eb-Mineralisation) verlagert.

Zusammenfassung

Die Aufgaben einer modernen und gründlichen Gangkartierung werden dargelegt. Auf die Bedeutung von derartigen Gangkartierungen, sowohl für die geologische Erkundung als auch für den Produktionsbetrieb, wird hingewiesen. Die Methodik der Gangkartierung und ihre Darstellung werden eingehend geschildert, und die Darstellungsmethode wird durch Beispiele veranschaulicht. Die statistische Auswertung der Gangkartierungen mit dem besonderen Ziel, die Richtungsabhängigkeit der Vererzung zu ermitteln, gibt neben der Rekonstruktion spaltentektonischer Vorgänge während der Lagerstättenbildung wichtige Hinweise für zielgerichtete geologische Such- und Erkundungsarbeiten. Die Methodik der statistischen Auswertung von Gangkartierungen und die graphische Darstellung der Ergebnisse werden ausführlich beschrieben.

Резюме

Освещаются задачи современногои детального картирования жил. Указывается на значение таких картировочных работ для геологической разведки и для производственного рудничного завода. Методика картирования жил и изображение его результатов обстоятельно описываются, метод изображения показывается на примерах. Статистическая интерпретация картирования жил преследует особую цель установить зависимость оруденения от простирания и падения жил. Наряду с реконструкцией трещинно-тектонических процессов во время образования месторождения, эта интерпретация даёт важные указания для целеустремлённых геологических поисково-разведочных работ. Подробно описывается методика статистической интерпретации картирования жил и графическое изображение результатов.

Summary

An account is given of the problems involved in a modern and thorough vein mapping whose significance for both a geological exploration and practical exploitation is emphasized. The methodology of vein mapping and its representation are described in detail, and examples are given to elucidate the method of representation. In addition to the reconstruction of tectonic events leading to fissures during the formation of deposits, the statistical interpretation of vein mapping intends in particular to determine the dependence of mineralization on direction, in order to give support to methodical geological prospecting and exploration works. A detailed description is given of the methodology of statistical interpretation of vein mapping and of the graphical representation of the results obtained.

Literatur

Baumann, L.: Tektonik und Genesis der Erzlagerstätte von Freiberg (Zentralteil). — Freiberger Forschungshefte C 46, Akademie-Verlag, Berlin 1958.

Kraft, M. & E. Seifert: Über gegenseitige Beeinflussungen sich kreuzender Gangspalten im Brander Revier, Abt. Himmelsfürst. — Z. angew. Geol. Bd. 5, 1959, H. 5.

Oelsner, O. W.: Grundlagen zur Untersuchung und Bewertung von Erzlagerstätten. — Thür. Verlag, Gera 1952.

v. Philipsborn, H.: Tabellen zur Berechnung von Mineral- und Gesteinsanalysen. — Akadem. Verlagsgesellschaft m. b. H., Leipzig 1933.

Sander, B.: Einführung in die Gefügekunde geologischer Körper. — Bd. I u. II, Springer Verlag, Wien und Innsbruck 1948.

Schmidt, W.: Gefügestatistik. — Tscherm. Mineral. u. Petrogr. Mitt. 38, S. 392/423, Wien 1925.

Stammberger, F.: Einführung in die Berechnung von Lagerstättenvorräten fester mineralischer Rohstoffe. — Akademie-Verlag, Berlin 1956.

Permeabilitätsbestimmung mit Hilfe der Widerstandskarottage[1]

L. A. BURJAKOWSKIJ

Abhängigkeit des spezifischen Widerstandes von der Permeabilität

Ein Verfahren zur Permeabilitätsbestimmung aus den Ergebnissen der elektrischen Bohrlochmessung kann physikalisch auf den folgenden Voraussetzungen begründet werden.

Wie bekannt, ist der Haftwassergehalt ölführender Speichergesteine eng mit dem Gehalt des Gesteins an feinkörnigem Material verbunden. Durch einen großen Haftwassergehalt sind gewöhnlich die feinkörnigen und tonigen Sande und Sandsteine ausgezeichnet. Der Haftwassergehalt grobkörniger Sande und auch Kalksteine ist bedeutend kleiner. Die große Menge an totem (irreduziblem) Wasser in einem feinkörnigen, wenig durchlässigen Gestein erklärt sich in der Hauptsache aus der großen spezifischen Oberfläche eines solchen Gesteins, auf welcher das sie benetzende Wasser gut festgehalten wird, und aus dem Auftreten subkapillarer Poren, in denen das Wasser durch kapillare Kräfte gehalten wird. Für sandig-tonige Ablagerungen kann die Menge des Haftwassers nach der Formel

$$S_r = \frac{A\tau}{\Phi} \tag{1}$$

berechnet werden, die eine Verknüpfung der Restwassersättigung S_r mit der spezifischen Oberfläche A und der Porosität Φ des Gesteins darstellt, wobei Angaben über die Dicke τ des Wasserfilmes vorliegen müssen (einschließlich des Wassers, das in den Winkeln zwischen aneinandergrenzenden Gesteinskörnern und in blind endenden Poren hängt)[2]) (ORKIN & KUTSCHINSKIJ 1955).

Es gibt einen theoretischen Zusammenhang zwischen der Permeabilität, der Porosität und der spezifischen Oberfläche eines Gesteines, der in einer Reihe von Arbeiten untersucht worden ist (L. S. LEIBENSON, F. I. KOTJACHOW, K. G. ORKIN, A. M. NETSCHAJ). Dieser Zusammenhang wird durch die Gleichung (KOTJACHOW 1956)

$$A = \sqrt{\frac{\Phi^3}{2k}} \tag{2}$$

ausgedrückt.

Gibt man die Porosität in Prozenten und die Permeabilität in Millidarcy an, so gilt

$$A = 220\sqrt{\frac{\Phi^3}{k}} \tag{3}$$

Für die Sande und Sandsteine der Karagan- und Tschokrak-Zonen des Grosny-Gebietes (ORKIN & KUTSCHINSKIJ 1955) wird erhalten

$$A = 140\left(\frac{\Phi^3}{k}\right)^{1/3} \tag{4}$$

Für die Sande und Sandsteine der produktiven Schicht der Lagerstätte Neftjanye Kamni wurde auf Grund experimenteller Untersuchungen (SAMEDOW & BURJAKOWSKIJ 1957) die Formel aufgestellt

$$A = 340\left(\frac{\Phi^3}{k}\right)^{1/3} = 340\frac{\Phi}{\sqrt[3]{k}} \tag{5}$$

Auf diese Weise gelingt die Herleitung einer Beziehung zwischen der Restwassersättigung und der Permeabilität eines Speichergesteins.

Verknüpft man die Gleichungen (1) und (5) miteinander, so erhält man

$$S_r = \frac{340\tau}{\sqrt[3]{k}} \tag{6}$$

Eine graphische Darstellung der Gleichung (6) zeigt die Abb. 1. Analoge Beziehungen zwischen Wassersättigung und Permeabilität geben M. MUSKAT, P. J. JONES, S. M. SARKISJAN und andere Forscher an.[3])

Für die Sande und Sandsteine des Grosny-Gebietes kann dieselbe Beziehung erhalten werden.

Dank zahlreicher theoretischer und experimenteller Untersuchungen ist bekannt, daß die Wassersättigung und der Koeffizient der Vergrößerung des spezifischen Widerstandes durch eine einfache Beziehung der Formel

$$g = \left(\frac{100}{S_r}\right)^n \tag{7}$$

verknüpft sind; dabei ist der Koeffizient der Widerstandsvergrößerung g gleich dem Quotienten aus dem spezifischen Widerstand R_t des Gesteins mit der Wassersättigung S_r% und dem spezifischen Widerstand des (gleichen) Gesteins bei 100%iger Wassersättigung ($g = R_t/R_0$. D. Übers.) (DACHNOW 1955 und KOMAROW 1952).

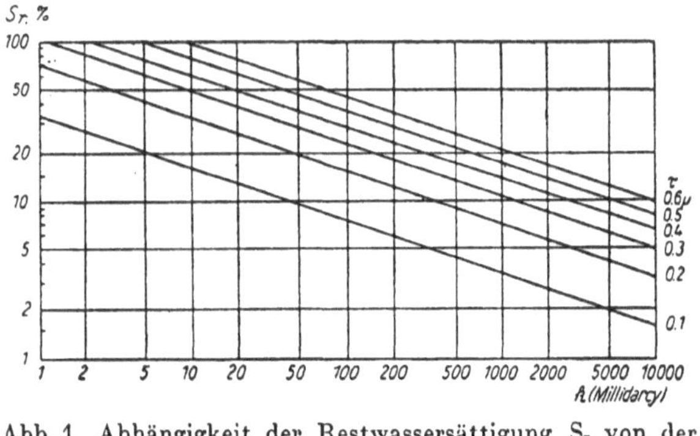

Abb. 1. Abhängigkeit der Restwassersättigung S_r von der Permeabilität und der Dicke des Haftwasserfilmes τ

[1]) Aus: Geologija Nefti i Gasa, H. 1, Jan. 1959, S. 47–51.
Übers.: K. LEHNERT, Gommern.
Anmerkung des Übersetzers:

[2]) Die in der Originalarbeit verwendeten Buchstabensymbole wurden der Vergleichbarkeit mit anderen Arbeiten halber in folgender Weise durch andere ersetzt:

k_B	(Restwassersättigung)	durch	S_r (in % anzugeben)
$S_{уД}$	(spez. Oberfläche)	,,	A
$k_П$	(Porosität)	,,	Φ (in % anzugeben)
P_H	(Koeff. d. Widerstandserhöhung)	,,	g
ρ_H	(spez. Widerstand d. ölführenden Gest.)	,,	R_t
ρ_B	(spez. Widerstand d. wasserf. Gesteins)	,,	R_o
ρ_O	(spez. Widerstand d. Schichtwassers)	,,	R_w
$k_{ПР}$	(Permeabilität)	,,	k

[3]) M. MUSKAT, J. Appl. Physics, März 1945.
M. MUSKAT & M. O. TAYLOR, Trans. A. I. M. E. 165 (1946), S. 78–93.
P. J. JONES, World Oil, 132 (1951), Nr. 2 (Februar).
Zur Permeabilitätsbestimmung aus Widerstandsmeßwerten vgl. weiterhin
M. R. J. WYLLIE & W. D. ROSE, J. Petr. Techn., 2 (1950), Nr. 4 (April).
SCHLUMBERGER, Well. Surv. Co., Log Interpretation Charts E 1–4 (1958).
M. P. TIXIER, Oil and Gas Journal, Juni 1949, S. 113–133.

Für die produktive Schicht von Neftjanye Kamni ist der Exponent n gleich 2, wie Laboratoriums- und bohrlochgeophysikalische Untersuchungen zeigten; d. h.

$$g = \left(\frac{100}{S_r}\right)^2 \qquad (8)$$

Infolgedessen läßt sich eine Verknüpfung zwischen der Permeabilität und dem Koeffizienten der Widerstandsvergrößerung herstellen. Setzt man in die Formel (6) den Wert S_r aus der Formel (8) ein, so erhält man nach einer Umformung

$$k = 40\tau^3 \sqrt{g^3} \qquad (9)$$

In Abb. 2 ist die Gleichung (9) graphisch dargestellt. Großen Einfluß auf den Zusammenhang zwischen der Permeabilität und dem Koeffizienten der Widerstandsvergrößerung hat die Dicke τ des Wasserfilmes, der die Gesteinskörner umhüllt.

Fehler bei der Berechnung der Permeabilität rühren von fehlerhafter Bestimmung der Größen g und τ her. Bekanntlich ist der relative Fehler einer Funktion gleich dem Produkt des absoluten Fehlers und des abgeleiteten Logarithmus der Funktion. Aus diesem Grunde erhalten wir den differentiellen Ausdruck des Fehlers nach Formel (9) in der Formel

$$\frac{\Delta k}{k} = \frac{3}{2} \cdot \frac{\Delta g}{g} + 3\frac{\Delta \tau}{\tau} \qquad (10)$$

Wie man sieht, ist der relative Fehler des nach Formel (9) errechneten Permeabilitätswertes 1,5mal größer als der relative Fehler der Bestimmung der Größe g und dreimal größer als der relative Fehler von τ; d. h., der Fehler, der von einer ungenauen Bestimmung der Dicke des Haftwasserfilmes herrührt, ist noch einmal so groß wie der Fehler, der durch ungenaue Bestimmung des Parameters g verursacht wird.

Die Beziehung (9) wurde für die sandig-tonigen Gesteine des unteren Teils der produktiven Schichten von Neftjanye Kamni durch Gegenüberstellung des Koeffizienten der Widerstandsvergrößerung g, der aus bohrlochgeophysikalischen Widerstandsmessungen ölführender Gesteine errechnet wurde, mit der Permeabilität der gleichen Gesteine experimentell nachgeprüft. Dabei wurden die Permeabilitäten durch Labormessungen und aus der Förderleistung produktiver Bohrungen ermittelt. Insgesamt wurden 48 solche Vergleiche durchgeführt (Abb. 3). Die in der graphischen Darstellung eingetragenen experimentell erhaltenen Werte sind im wesentlichen längs eines Streifens konzentriert, der dem Wert $\tau = 0{,}4\,\mu$ entspricht, was der tatsächlichen Dicke des Wasserfilmes sehr nahe kommt.

Die Bedeutung, die der Dicke des Wasserfilmes zukommt, wird aus folgender Erwägung heraus verständlicher. Stärker wassergesättigte Gesteine ($\tau \geqq 0{,}5\,\mu$) haben, verglichen mit weniger wassergesättigten Gesteinen ($\tau < 0{,}2$) bei gleichen Permeabilitäten einen geringeren Koeffizienten der Widerstandsvergrößerung oder einen geringeren spezifischen Widerstand, was sich gut mit der Vorstellung vom Zusammenhang des spezifischen Widerstandes eines Gesteines mit der Höhe seiner Wassersättigung in Einklang bringen läßt. Auf der anderen Seite haben hoch wassergesättigte Gesteine eine größere Permeabilität als Gesteine geringerer Wassersättigung, wenn beide den gleichen Koeffizienten der Widerstandserhöhung besitzen.

Tabelle 1

Horizont	Restwassersättigung in %	Porosität in %	Spezif. Oberfläche cm^2/cm^3	Mittlere Dicke des Wasserfilmes in μ
KS	33	23,6	1600	0,48
PK	17	23,3	1000	0,39
KaS	23	23,4	1200	0,45

Nimmt man die Größe $\tau = 0{,}4\,\mu$ als Grenzwert, unterhalb dessen das Wasser völlig an das Gestein gebunden ist, und die Größe $\tau = 0{,}6\,\mu$ als Grenzwert, oberhalb dessen sich das Wasser in tropfbar flüssigem Zustand befindet, so kann man folgendes aussagen: Ergeben der Koeffizient der Widerstandsvergrößerung und die Permeabilität Punkte, die nahe der Kurve $\tau = 0{,}4\,\mu$ liegen, so müßte man, ungeachtet der Größe des Koeffizienten der Widerstandserhöhung, wasserfreies Öl erhalten, und die absolute Permeabilität des Gesteins ist dann gleich der Phasenpermeabilität für reines Öl.

Liegen die Punkte zwischen den Kurven $\tau = 0{,}4$ und $0{,}6\,\mu$, so ist gleichzeitige Förderung von Öl und Wasser möglich, und das mit um so größerer Wahrscheinlichkeit, je näher ein Punkt der Kurve $\tau = 0{,}6\,\mu$ liegt.

Beginnen sich endlich die Punkte unterhalb der Kurve $\tau = 0{,}6\,\mu$ anzuordnen, so vergrößert sich die Wahrscheinlichkeit der Förderung reinen Wassers ohne Öl, unabhängig von der Größe des Koeffizienten der Widerstandserhöhung.

Ergebnisse der Permeabilitätsbestimmung nach der Widerstandsmethode

Zur Bestimmung der Permeabilität von Speichergesteinen der produktiven Schichten der Lagerstätte Neftjanye Kamni wurde die obenabgeleitete Beziehung (9) verwendet, die die Verknüpfung der Permeabilität mit dem Koeffizienten der Widerstandserhöhung und der Dicke des Haftwasserfilmes charakterisiert.

Die mittlere Dicke des Wasserfilmes läßt sich nach der Formel

$$\tau = \frac{Sr \cdot \Phi}{A}$$

bestimmen.

In Tabelle 1 sind die Ergebnisse der Berechnung der mittleren Dicke des Wasserfilmes zusammengestellt. Die Daten über die Restwassersättigung, die Porosität und die spezifische Oberfläche stammen aus Laboratoriums- und bohrlochgeophysikalischen Untersuchungen.

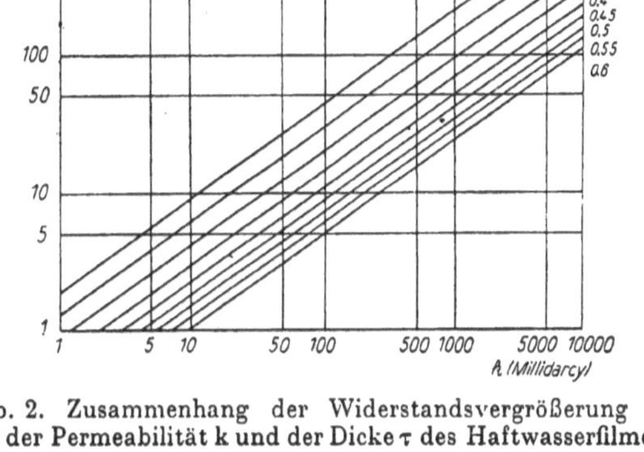

Abb. 2. Zusammenhang der Widerstandsvergrößerung g mit der Permeabilität k und der Dicke τ des Haftwasserfilmes

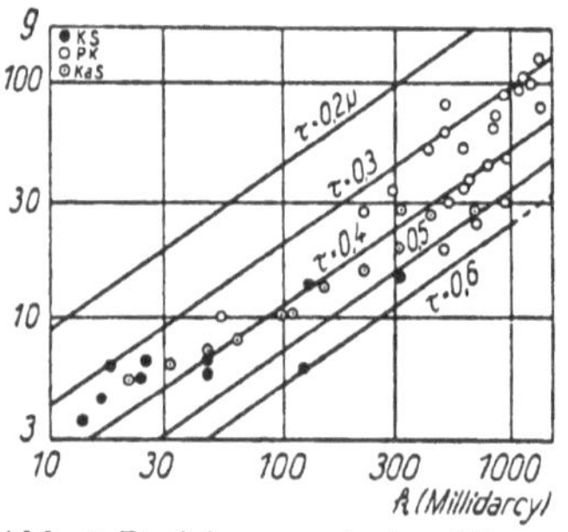

Abb 3 Beziehung zwischen Widerstandsvergrößerung g und Permeabilität k für Neftjanye Kamni.

Der spezifische elektrische Widerstand R_t des Gesteins wurde durch die Interpretation der Ergebnisse seitlicher Bohrlochsondierungen (BKS) erhalten.

Der spezifische Widerstand des völlig wassergesättigten Gesteins R_0 wurde dabei aus der Größe der Porosität und dem spezifischen Widerstand des Schichtwassers R_w nach der Formel $R_0/R_w = \Phi^{-1,6}$ errechnet, die für die sandig-tonigen Gesteine der Lagerstätte Neftjanye Kamni experimentell ermittelt wurde.

Unter der Bedingung, daß das Randwasser die gleiche Mineralisation wie das innerhalb der Lagerstätte befindliche Schichtwasser besitzt, kann man als R_0 den spezifischen Widerstand des Gesteins jenseits des Öl-Wasser-Kontaktes nehmen, wo das Gestein zu 100% mit Schichtwasser gesättigt ist.

Mit Hilfe der graphischen Darstellung (Abb. 2) wurde die Permeabilität in Abhängigkeit von dem bekannten Koeffizienten der Widerstandserhöhung und einem vorgegebenen Wert für die Dicke des Restwasserfilmes bestimmt. Zur näherungsweisen Bestimmung der Permeabilität kann man Werte von $\tau = 0,40$ bis $0,45\,\mu$ nehmen. Die Ergebnisse von 290 Permeabilitätsbestimmungen hinsichtlich des mittleren Wertes für einen Horizont sind in Tabelle 2 den im ZNIL NPU Gjurgjanneft an Bohrkernen gemessenen bzw. aus Förderleistungen ermittelten Permeabilitäten gegenübergestellt.

Zusammenfassung

Der Verfasser weist darauf hin, daß der Haftwassergehalt ölführender Speichergesteine eng mit dem Gehalt des Gesteines an feinkörnigem Material verbunden ist. Eine große Bedeutung kommt der Dicke des Wasserfilmes zu. Mit Hilfe graphischer Darstellungen wurde die Permeabilität in Abhängigkeit von dem bekannten Koeffizienten der Widerstandserhöhung und einem vorgegebenen Wert für die Dicke des Haftwasserfilmes bestimmt.

Резюме

Автор указывает на то, что содержание плёночной воды нефтеносных пород-коллекторов тесно связано с содержанием в породе тонкозернистого материала. Большое значение имеет толщина водной плёнки. При помощи графического изображения была определена проницаемость в зависимости от известного коэффициента повышения сопротивления и данной величины толщины плёнки связанной воды.

Summary

The author points out, that the water-content of oil-bearing rocks is closely related to the content of fine-grained material of the rocks. The thickness of the water film is of great importance. With the means of diagrams the permeability has been stated as a function of the known coefficients of resistivity increase and a pregiven value about the thickness of the irreducible waterfilm.

Tabelle 2

Horizont	Anzahl der Bohrungen	Anzahl der Bestimmungen	Permeabilität aus Bohrlochmessungen (Millidarcy)		Permeabilität, gemessen bzw. aus Förderwerten
			Grenzen	mittl.	
Ob. Teil:					
I'	1	–	–	360	–
I	1	2	320–350	335	–
IV	1	8	240–2000	965	–
V	1	3	360–700	555	–
VI	2	3	190–750	430	–
VII	1	1	–	670	–
VIIa	3	6	140–930	380	–
VIII	4	13	160–2100	525	–
IX	4	8	190–1900	710	–
X	4	12	160–1200	485	–
Mittl. Teil:	4	13	220–1800	600	–
Unt. Teil:					
NKP	7	17	220–1600	710	600
KS	14	16	90–1250	310	300
PK-1	43	58	130–2500	1150	950
PK-2	28	37	160–2500	1060	850
KaS-1	21	38	80–1000	690	400
KaS-2	21	28	80–1100	445	250
KaS-3	11	26	60–1000	340	350

Literatur

DACHNOW, W. N.: Interpretation der Ergebnisse geophysikalischer Bohrlochmessungen. – Gostoptechisdat, Moskau 1955.
KOMAROW, S. G.: Geophysikalische Methoden der Untersuchung von Erdölbohrungen. – Gostoptechisdat, Moskau 1952.
KOTJACHOW, F. I.: Grundlagen der Physik einer erdölführenden Schicht. – Gostoptechisdat, Moskau 1956.
NETSCHAJ, A. M.: Bestimmung der lithologischen Eigenschaften von Gesteinen aus den Ergebnissen geophysikalischer Bohrlochmessungen. – „Prikladnaja geofisika“, Bd. 11, Gostoptechisdat (1954).
ORKIN, K. G. & P. K. KUTSCHINSKIJ: Die Physik der ölführenden Schicht. – Gostoptechisdat, Moskau 1955.
SAMEDOW, F. I. & L. A. BURJAKOWSKIJ: Zusammenhänge zwischen den physikalischen Parametern der Speichergesteine der Lagerstätte Neftjanye Kamni. – Aserb. neft. chos., No. 8, 1957.

Wie wird die absolute Permeabilität von Gesteinen ermittelt?[1]

ERNST HAMEISTER, Möser

Die absolute Durchlässigkeit eines porösen Mediums, also im vorliegenden Falle die der lufttrockenen Gesteinsproben, wird im Laboratorium nach der Filterformel von DARCY bestimmt. Dieser physikalische Parameter charakterisiert, wie durch einen porösen Körper eine bewegliche Phase hindurchströmen kann. Hierbei muß unterschieden werden, wie viele bewegliche Phasen sich durch das Gestein bewegen. Im vorliegenden Fall soll aber nur eine einzige Phase hindurchströmen; dann erhält man die absolute Permeabilitätsgröße. Ferner kommt es auch wesentlich auf die physikalischen Zustandsgrößen des strömenden Mediums an. Es ist sehr wesentlich, ob das strömende Medium als inkompressibel (Flüssigkeit) oder kompressibel (Gas z. B.) angesehen werden muß, ob die Strömung des Gases unter isothermen Verhältnissen, im stationären oder quasistationären Zustande stattfindet.

Die Durchlässigkeitsmessung wird entweder an zylindrischen Proben (Durchmesser etwa 3 cm, Länge etwa 2 cm) oder an würfelförmigen Körpern mit der Kantenlänge von 1 cm vorgenommen. Die für die Messung

[1] Mit dieser Arbeit beginnt eine Aufsatzreihe, welche die Berechnungsmethoden der gesteinsphysikalischen Parameter nach der experimentellen Messung kurz erläutern soll.

Tabelle 1

Probe Nr.	Länge der Probe in cm	Quer- [1]) schnitt der Probe in cm^2	P_1 (ü) in [2]) mm Hg vor der Probe	P_2 (ü) in mm H_2O hint. d. Probe	durch-strömende Gasmenge in cm^3	Strömungs-zeit in sec.
1	1,94	7,15	60	7	500	14
(TB Viesen	1,94	7,15	70	7	500	12
10)	1,94	7,15	80	9	500	11
2	2,12	7,0	720	8	500	13
(TB Wadde-	2,12	7,0	760	9	500	12
kath 16)	2,12	7,0	800	11	500	11

[1]) Zylindrische Probe 1 ∅ 3,0 cm, $F = r^2 \pi$, $1{,}5^2 \cdot \pi = 7{,}15\ cm^2$
Probe 2 ∅ 2;98 cm, $F = 7{,}0\ cm^2$

[2]) Jede Probe wird mit mindestens drei verschiedenen Eingangsdrücken gemessen.

geltenden physikalischen Bedingungen seien kurz wie folgt zusammengefaßt:

1. Es liegt nur „Einphasenfluß" vor;
2. die Strömung selbst ist laminar;

jedoch muß hier erwähnt werden, daß eine Messung mit Gasen nie streng laminar ist. Allein durch die infolge von Temperaturschwankungen im Gestein während der Strömung hervorgerufenen Dichteunterschiede werden Abweichungen bedingt. Im allgemeinen aber gilt für die kurze Zeit einer Durchlässigkeitsmessung isothermes Verhalten des strömenden Gases. Ferner könnte noch ein Randeffekt an den Porenraumrändern erwähnt werden, durch den die Durchlässigkeit bei niedrigen mittleren Meßdrücken höher liegt als bei größeren Drücken. Da sich dieser Effekt neben anderen unkontrollierbaren Einflüssen fast nur bei Durchlaßgrößen < 20 md wesentlich bemerkbar macht, kann er im allgemeinen vernachlässigt werden. Um einen Vergleich zu gebrauchen: Die Durchlässigkeit wird in diesem Größenbereich in ähnlicher Weise von vornherein mit systematischen Fehlern behaftet wie die physikalischen Kenngrößen der Elektronenröhren, wenn sie in die Größenordnung der Rauscheffekte kommen. Auch statistische Auswertungen können hier die Durchlaßgrößen nicht genauer gestalten.

3. Die physikalischen Zustandsgrößen (Druck) sind stationär oder quasistationär.
4. Die Fließgeschwindigkeit wird durch die Größe $\dot{Q} = Q/t$, der Massenstromgeschwindigkeit, gegeben.
5. Das strömende Medium und der Gesteinskörper gehen miteinander keine sich gegenseitig stofflich oder strukturmäßig gesehen verändernde Reaktionen ein.

Die Bestimmung der absoluten Durchlässigkeit für Luft

(Messung der absoluten Durchlässigkeit für eine kompressible strömende Phase)

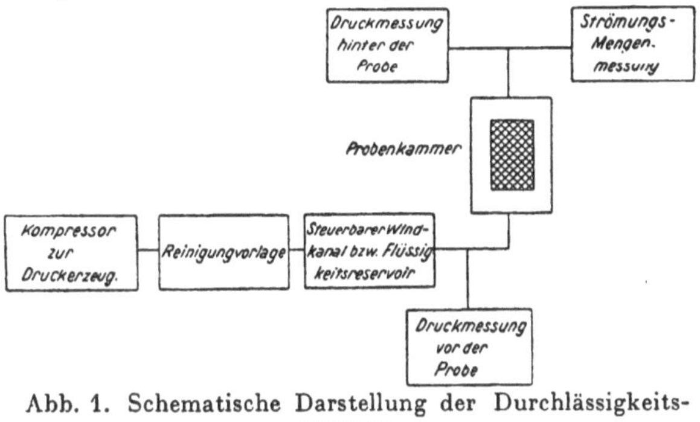

Abb. 1. Schematische Darstellung der Durchlässigkeitsmessung

Die hierfür erforderliche Meßanordnung ist in Abb. 1 schematisch, ihr Aufbau in Abb. 2, die Probenanordnung in Abb. 3 (für den Fall einer zylindrischen Probe) wiedergegeben. Die Durchführung der Messung geht am zweckmäßigsten aus dem Meßprotokoll hervor (Tab. 1).

Die Berechnung der Durchlässigkeit wird nach der für die Messung mit isothermen Gasen erweiterten Filterformel von DARCY ausgeführt. Sie lautet

$$K\,(d) = \frac{2\eta \cdot L \cdot P_A \cdot Q}{F\,(P_1^2 - P_2^2) \cdot t}$$

In ihr bedeuten:

K die Durchlässigkeitskonstante in Darcy; sie wird meist in md (Millidarcy) angegeben, da sie oft recht klein ist.

η Die Zähigkeit der strömenden Phase in cp, hier der Luft $\eta = 0{,}0181$ cp.

L Die Länge der Probe in cm.

F Die durchströmte Fläche in cm^2.

Q Die gemessene Durchflußmenge in cm^3.

P_1 Der Druck vor der Probe; er setzt sich aus dem Atmosphärendruck $P_A = 1$ atm + dem Überdruck, gemessen in mm Hg-Säule, zusammen.

P_2 Der Druck hinter der Probe, er setzt sich in gleicher Weise aus P_A + Druck durch H_2O-Säule, in mm gemessen, zusammen; dieser zusätzliche Druck ist meist sehr gering, so daß in der Praxis $P_2 \approx P_A$ gesetzt werden darf.

P_A Der während der Messung herrschende Atmosphärendruck, unter den Versuchsbedingungen (Raumtemperatur) meist ≈ 1 atm.

t Die Durchströmungszeit in sec.

Zur Berechnung zerlegt man die Filterformel praktisch in mehrere Faktoren:

$$K = \underbrace{\frac{\eta \cdot L}{F}}_{A} \cdot \underbrace{\frac{Q}{t}}_{Q_a} \cdot \underbrace{\frac{2\,P_A}{P_1^2 - P_2^2}}_{P}$$

Für die Meßbeispiele betragen:

A_1: (Probe 1) $\dfrac{0{,}0181}{7{,}15} \cdot 1{,}94 = 0{,}0049$

A_2: (Probe 2) $\dfrac{0{,}0181}{7{,}00} \cdot 2{,}12 = 0{,}0055$

Die Größen Q_a und P müssen für jede Messung einzeln ermittelt werden. Die etwas umständliche Berechnung von P kann man sich erleichtern, wenn man hierfür entweder Tafeln oder geeignete graphische Darstellungen benutzt. Um einen Einblick zu geben, wie diese Tabellen gewonnen werden, sollen hier die Größen rechnerisch bestimmt werden. Dabei muß beachtet werden, daß in der Filterformel die Druckgrößen in atm angegeben sind. Daher müssen die in mm Hg-Säule bzw. mm H_2O-Säule bestimmten Druckgrößen in atm umgerechnet werden. Die dazu notwendigen Zahlenfaktoren sind in Tabelle 2 zusammengefaßt.

Tabelle 2. Umrechnung der Druckeinheiten

Druckeinheiten	atm	1 Torr = 1 mm Hg-Säule	1 p = 1 mm H_2O-Säule
atm	1	760	$1{,}03 \cdot 10^4$
1 Torr = 1 mm Hg-Säule	$1{,}31 \cdot 10^{-3}$	1	13,6
1 p = 1 mm H_2O-Säule	$9{,}68 \cdot 10^{-5}$ $\approx 10^{-4}$	$7{,}35 \cdot 10^{-2}$	1

Abb. 2. Apparatur zur Durchlässigkeitsmessung

1 – Druck-(Wind-)kessel, 2 – Probenkammer (Prinzip HASSLER), 3 – Volumenmeßgerät (hier Gasmesser), 4 u. 5 – Quecksilber- bzw. Wassermanometer zur Druckmessung vor und hinter der Probe)

Man findet, wie schon erwähnt

$$P_1 = P_A + x \cdot \text{mm Hg} \cdot \frac{1{,}31 \cdot 10^{-3}\,\text{atm}}{\text{mm Hg}} \quad \text{bzw.}$$

$$P_2 = P_A + x \cdot \text{mm Hg} \cdot \frac{9{,}68 \cdot 10^{5}\,\text{atm}}{\text{mm } H_2O}$$

Das Berechnungsschema für den Faktor $P = \frac{2 P_A}{P_1^2 - P_2^2}$ sieht dann z. B. so aus:

Probe 1:

P_1:	$1 + 60 \cdot 1{,}31 \cdot 10^{-3} = 1{,}078$	P_1^2 1,155	$P^{(1)} = \frac{1}{0{,}155} = 12{,}8$
(atm)	$1 + 70 \cdot 1{,}31 \cdot 10^{-3} = 1{,}091$	1,196	$= \frac{1}{0{,}196} = 10{,}4$
	$1 + 80 \cdot 1{,}31 \cdot 10^{-3} = 1{,}104$	1,300	$= \frac{1}{0{,}300} = 8{,}70$
P_2:	$1 + 7 \cdot 10^{-4}$	$P_2^2 = 1$	

Probe 2:

P_1:	$1 + 720 \cdot 1{,}31 \cdot 10^{-3} = 1{,}945$	P_1^2: 3,81	$P^{(2)} = \frac{1}{3{,}81} = 0{,}710$
(atm)	$1 + 760 \cdot 1{,}31 \cdot 10^{-3} = 2{,}000$	4,00	$= \frac{1}{4{,}00} = 0{,}660$
	$1 + 800 \cdot 1{,}31 \cdot 10^{-3} = 2{,}030$	4,20	$= \frac{1}{4{,}20} = 0{,}628$
P_2:	$1 + 9 \cdot 10^{-4}$ 1;	P_2^2 1	

Mit diesen Faktoren kann man die Durchlässigkeit durch Multiplikation der 3 Größen $A \cdot Q_A \cdot P$ gewinnen wobei Q_A durch Q/t auf dem Rechenschieber zuerst einzustellen ist. Die nachfolgende Rechenaufstellung gibt Tabelle 3 wieder.

Sämtliche Rechnungen (außer Additionen und Subtraktionen) wurden mit dem Rechenschieber durchgeführt, dessen Genauigkeit für die Berechnung der Routinemessungen völlig ausreichend ist.

Tabelle 3

Probe	Q_{cm^3}	t_{sec}	$Q_A = \frac{Q}{t}$	A	P	K_{md}	$K_m = \frac{K_1 \ldots K_n}{n}$
1	500	14	35,5	0,0049	25,6	2245	2120 md
	500	12	41,4	0,0049	20,8	2120	
	500	11	45,5	0,0049	17,40	1990	
2	500	13	38,5	0,0055	1,420	150	
	500	12	41,4	0,0055	1,320	150	150 md
	500	11	45,5	0,0055	1,256	150	

Abb. 3. Probenhalterung nach dem Prinzip von HASSLER

Bestimmung der Durchlässigkeit mit einer inkompressiblen Phase (Wasser, Erdöl u. a.)

Diese Messung und Berechnung wird nach der klassischen Filterformel von DARCY

$$K = \frac{\eta \cdot Q \cdot L}{F (P_1 - P_2) \cdot t}$$

ermittelt, worin

η die Zähigkeit der jeweilig benutzten beweglichen Phase in cp bedeutet. Die übrigen Faktoren geben die gleichen Größen wie oben an. An einem Versuchskörper (Sandsteinprobe sm_3) wurden folgende Werte beobachtet:

Q: 10 cm^3	
t: 500 sec	
Druck aufwärts:	340 mm Hg
Druck abwärts:	0 mm H_2O
η_{wasser}:	0,984 cp bei 20° C
L:	2 cm
F (∅3,0):	7 cm^2

Daraus findet man

$$P_1 = P_A + \frac{340\,\text{mm Hg} \cdot 1{,}31 \cdot 10^{-3}\,\text{atm}}{\text{mm Hg}}$$

$$= 1 + 0{,}430 = 1{,}450\,\text{atm}$$

$P_2 = 1$ atm, wie vor. Beisp.

Somit ergibt sich

$$K_d = \frac{0{,}984 \cdot 10 \cdot 2}{7 \cdot 500 \cdot 0{,}45} = 12{,}5\,\text{md}$$

Hierbei ist aber zu beachten, daß eine absolute Permeabilität dann vorliegt, wenn die bewegliche Phase die Gesteinsprobe sättigt. Auch hier ist eine wesentliche Bedingung, daß die strömende Flüssigkeit mit dem Gesteinskörper keine Reaktion eingeht.

Schlußbetrachtung

Die Berechnung der absoluten Durchlässigkeitskonstante aus den Beobachtungsgrößen wurde an Beispielen für den Fall der kompressiblen und inkompressiblen Phase nach der Filterformel von DARCY gezeigt. Die einzelnen Rechenschritte wurden jeweils erläutert, die Zahlenrechnungen mit dem Rechenstab ausgeführt. Es sei auch erwähnt, daß es gleichgültig sein sollte, was für eine Flüssigkeit zur Messung verwandt wird. Die auftretenden Unterschiede weisen jedoch auf z. B. bisher noch ungeklärte Nebeneffekte hin. Für Routineuntersuchungen im Labor wird man aber zweckmäßig die Messung mit Luft vornehmen, weil sie von Hilfskräften experimentell leichter ausführbar ist, ferner aber störende Nebenreaktionen, wie das Quellen der Tone im Bindemittel u. a. m., im allgemeinen fortfallen. Außerdem ist dies bedeutend kürzer (der 10. – 15. Teil der Zeit) und demzufolge auch billiger.

Abschließend sei noch kurz zusammengestellt, wofür die absolute Durchlässigkeit benötigt wird:

1. zur Parallelisierung und zum Vergleich der Haftwassersättigung, des Kapillardruckes (const!); zur Beurteilung der effektiven Porosität, zur Festlegung von Förder- und Injektionsgrößen bei Flutungen;

2. zur Ermittlung der relativen Permeabilität, wenn die effektive bekannt ist oder umgekehrt (z. B. nach Messungen aus Druckaufbaukurven);

3. zur Konstruktion und zur Parallelisierung von Durchlässigkeitsprofilen höffiger oder eingehend zu untersuchender Horizonte mit eventuellen Hinweisen für die Stratigraphie;

4. Beurteilung der Benetzungsfähigkeit von Sanden im Zusammenhang mit der Ölsättigung. Gerade hierfür müssen die Messungen sehr sauber sein. Leider werden sie durch die obenerwähnten Randeffekte bei der bisher verwandten klassischen Methode gestört. Inwieweit hier Verfahren mit Strahlern zur Bestimmung der Massenstromgeschwindigkeit Q/t verwandt werden können, soll an anderer Stelle demnächst erörtert werden.

Zusammenfassung

In dem Aufsatz wird die experimentelle Bestimmung der absoluten Durchlässigkeit von Gesteinen an ausgeführten Meßbeispielen erörtert. Der Berechnungsgang für die Messung mit Luft bzw. Flüssigkeit als Bewegungsmedium wird beschrieben. Notwendige Hilfsformeln zur Umrechnung der Druckeinheiten sind angegeben. Ein kurzer Hinweis über die Bedeutung der absoluten Permeabilität für die praktische Geologie sowie Bemerkungen für die Durchführung von Routineuntersuchungen beschließen die Arbeit.

Резюме

На примерах проведенных измерений описывается способ экспериментального определения обсолютной проницаемости горных пород. Указывается ход вычисления при измерениях, проведеных с помщью воздуха или жидкости как движущейся среды. Приводятся вспомогательные формулы для пересчета единиц давления. В конце работы приводится короткое описание значения абсолютной проницаемости горных пород для геологической практики, а также даются указания для проведения исследований обычным общепринятым способом.

Summary

By way of examples of measurement the experimental determination of the absolute permeability of rocks is discussed in the article. The calculation of the measurement is described, with air and liquid respectively serving as a medium of motion. Auxiliary formulas necessary for the conversion of unities of pressure are indicated. The paper concludes with a short reference to the significance of the absolute permeability for practical geology and observations concerning routine test procedure.

Literatur

HAMEISTER, E.: Zur Mikrohydraulik der absoluten Durchlässigkeit in Erdöl- und Erdgasspeichergesteinen. — Z. f. angew. Geol. Bd. 5, 1959, H. 12, S. 577ff.
(Dort sind weitere Literaturhinweise zu finden.)

Schnellbestimmung des Alkaligehaltes von Salzkohlen

GUIDO FRIESE & JOACHIM OTTEMANN, Berlin

Einleitung

Zur Charakterisierung von Braunkohlen gehört unter anderem die Ermittlung des Salzgehaltes. Für die Bestimmung werden im allgemeinen zwei Methoden angewendet: Die direkte Methode ermöglicht die Bestimmung des Salzgehaltes in der Kohle, die indirekte Methode die Bestimmung des Alkaligehaltes aus der Asche. Aus den Gehalten an Natriumoxyd kann die Einteilung für die Klassifizierung in normale salzarme oder salzfreie Braunkohle und in Salzkohle erfolgen. Die Grenze zwischen einer normalen und einer Salzkohle gibt LEHMANN (1951) mit 2% Na_2O in der Asche an, während LISSNER (1951) einen Natriumoxydgehalt von maximal 10 g Na_2O in 1 kg wasserfreier Kohle als Grenzwert vorschlägt. Diese Zahl, die 1% Na_2O in der Kohle entspricht, ist in die „Richtlinien über die Methoden zur Untersuchung von Rohbraunkohle usw." (siehe STAEMMLER 1954) übernommen worden. Der Salzgehalt der Kohle setzt sich im wesentlichen aus Natriumhumat und Natriumchlorid sowie aus geringen Mengen Natriumsulfat, Kaliumchlorid und eventuell mineralisch andersartig gebundenem Alkali zusammen. Während der Veraschung bei 500° C verändern sich die primär vorliegenden Bestandteile sehr weitgehend, so daß neben dem gewöhnlich unverändert bleibenden Alkalichlorid im allgemeinen noch Natriumsulfat, Natriumkarbonat und Natriumoxyd vorliegen. Daneben treten weitere Veränderungen auf, wie z. B. die Oxydation von Schwefelkies zu Eisen(III)-oxyd und die Bildung von Calciumsulfat sowie Magnesiumsulfat.

Während die chemische Ausführung der indirekten Methode (aus der Asche) langwierig und umständlich ist und wegen ihrer Ungenauigkeit nur eine untergeordnete Rolle spielt, finden das flammenphotometrische indirekte Bestimmungsverfahren und die direkte chemische Methode (aus der Kohle) in den meisten Fällen Anwendung. Ein von STAEMMLER (1954) ausgearbeitetes direktes Verfahren beruht auf der Löslichkeit der Alkalisalze der Kohle in Essigsäure. Außer den Alkalimetallen gehen hierbei aber auch Calcium und Magnesium und in sehr geringen Mengen Aluminium, Eisen und kolloide Kieselsäure in Lösung. Die mit in Lösung gegangenen Bestandteile werden durch gleichzeitige Fällung des Calciums mit Ammonoxalat und des Magnesiums mit 8-Oxychinolin in ammoniakalischer Lösung entfernt. Im Filtrat wird das Alkali als Sulfat bestimmt.

LISSNER und GÖBEL (1952) erweiterten die direkte Methode. Sie benutzten die Eigenschaft des Ammoniumacetates, aus Braunkohle infolge Basenaustausch quantitativ die organisch gebundenen Kationen herauszulösen, für eine Präzisionsbestimmung. Die neben dem Alkali in Lösung gegangenen Kationen werden durch doppelte Fällung mit einer alkoholischen Ammoniumkarbonatlösung abgetrennt. Das Filtrat wird mit

Schwefelsäure abgeraucht und der Rückstand als Alkalisulfat zur Wägung gebracht.

Unsere Untersuchungen über den Salzgehalt in Braunkohlen zeigten nun die Möglichkeit einer Beschleunigung der chemischen Untersuchung durch den Einsatz der Chelatometrie und des Ionenaustausches. Die Schnellbestimmung der Alkalimetalle mit Hilfe der Flammenphotometrie wurde ebenfalls geprüft, und es gelang uns, eine neue kombinierte Methode auszuarbeiten, die ohne Bedenken auch in Betriebslaboratorien eingesetzt werden kann.

Chemische Bestimmungsmethoden

Die Summenbestimmung der Alkalien mit anschließender direkter[1]) Kaliumbestimmung sowie indirekter oder direkter Natriumbestimmung ist sehr umständlich. Bei der Bestimmung des Salzgehaltes von Salzkohlen, in denen der Kaliumgehalt im Vergleich zum Natriumgehalt erfahrungsgemäß vernachlässigbar klein ist, kommt es aber nur auf den Gesamtgehalt an Alkalimetallen an, und es kann daher einfach mit dem Na_2O-Faktor gerechnet werden. Der hierbei gemachte Fehler wird um so kleiner sein, je weniger Kalium vorhanden ist. Die von uns gefundenen Kaliummengen in Salzkohlen z. B. der Egelner Südmulde betragen in allen Fällen weniger als 0,1% K_2O. Bei einem Gehalt von 0,1% Kaliumoxyd ist bei der Benutzung des Na_2O-Faktors der auftretende absolute Fehler $< 0{,}02\%$.

Außer den direkt zu ermittelnden Alkalimetallen ist es möglich, entweder die Nebenbestandteile und die Summe der Sulfate oder die Nebenbestandteile und die den Kationen äquivalenten Wasserstoffionen zu bestimmen und daraus das Gesamtalkali zu berechnen. Der Nachteil der indirekten Bestimmungsmethoden liegt in der Auswirkung der Fehler, die bei der Summenbestimmung der Sulfate bzw. bei der Bestimmung der Wasserstoffionen und bei der Calcium- und Magnesiumtitration auftreten und alle das Natriumoxydergebnis beeinflussen. Im folgenden wird jedoch gezeigt, daß auch die indirekte Bestimmung des Gesamtalkalis zu befriedigenden Werten führt.

Von den Nebenbestandteilen wurden Aluminium, Eisen, Calcium und Magnesium bestimmt. Andere in Lösung gegangene Bestandteile blieben unberücksichtigt. Diese Elemente wurden mit Äthylendiamintetraacetat (ÄDTA)-Lösung als Chelatbildner titriert. Eisen und Aluminium wurden dabei durch Mikrotitration bestimmt. Die gefundenen Werte liegen bei nur 0,01 bis 0,005% Fe_2O_3 und $< 0{,}01\%$ Al_2O_3. Auf Grund dieser geringen Konzentration können sie bei der Analysenberechnung vernachlässigt werden. Bei der weiteren Analysierung wurde daher auf ihre Bestimmung verzichtet. Für die chelatometrische Bestimmung des Calciums muß in Gegenwart von Magnesium ein möglichst hoher p_H-Wert gewählt werden, damit das Magnesium in stark alkalischem Milieu metastabil in Lösung bleibt. Zur Verhinderung der Magnesiumhydroxydausfällung ist ein Arbeiten in großer Verdünnung Voraussetzung, was auch für die Endpunktsanzeige günstig ist, da bei Konzentrationen von 10^{-3} bis 10^{-4} Grammatomen pro Liter die Titrationen am besten verlaufen. Andererseits ist damit ein Verlust an Calcium infolge Okklusion im Niederschlag von Magnesiumhydroxyd ausgeschlossen.

Nach der Calciumbestimmung wird das Magnesium in derselben Lösung oder die Summe von Calcium und Magnesium in einem anderen aliquoten Teil in ammoniakgepufferter Lösung titriert. Für die Titration des Calciums und Magnesiums standen eine Reihe ausgezeichneter pM-Indikatoren zur Verfügung, die in ihrer Farbintensität, der Schärfe des Umschlages und der Geschwindigkeit des Farbwechsels untereinander verglichen wurden: Murexid (SCHWARZENBACH & GYSLING 1949), Fluorexon (KÖRBL & VYDRA 1957), Methylthymolblau (KÖRBL & KAKÁČ 1958), Thymolphtalexon (KÖRBL & PŘIBIL 1957), Eriochromschwarz T (SCHWARZENBACH & BIEDERMANN 1948) und Metallphtalein (ANDEREGG, FLASCHKA, SALLMANN & SCHWARZENBACH 1953).

Wir führten die Salzbestimmungen in der Kohle nach Extraktion mit 0,1 m Essigsäure durch. Bei einem Teil des essigsauren Auszuges wurden durch mehrmaliges Abdampfen mit Salzsäure die Kationen in die Chloride übergeführt, in Wasser aufgenommen, und anschließend wurde die neutrale Lösung durch einen in der H^+-Form befindlichen Kationenaustauscher gegeben. Die bei dem Austauschvorgang eintretende Entbasung der Lösung verläuft nach folgender Umsetzung: H-Harz + Me → Me-Harz + H[2]). Die dadurch ersetzten H^+-Ionen wurden titriert. Die kationischen Bestandteile wurden mit Salzsäure eluiert und chelatometrisch bestimmt. Die Trennung am Ionenaustauscher ist einfach, da der Austauscher nach der Elution und nach dem anschließenden Auswaschen mit Wasser sofort wieder betriebsfertig ist. Außerdem können etwa acht bis zehn Austauschersäulen zu einer Batterie zusammengeschlossen werden, um die Elution und das Waschen aus Vorratsflaschen halbautomatisch vorzunehmen.

Ein anderer Teil der essigsauren Lösung wurde mit Schwefelsäure abgeraucht und für die chemische Bestimmung der Nebenbestandteile sowie der Summe der Sulfate und für die Flammenphotometrie verwendet. Durch die Überführung der Kationen in die Sulfate war die Möglichkeit gegeben, eine vollständige Oxydation der mit in Lösung gegangenen organischen Bestandteile zu erreichen. Da die thermische Stabilität der Alkali- und Erdalkalisulfate bedeutend größer ist als die der Chloride, konnte bis 800° erhitzt werden, ohne Verluste an Alkalimetallen befürchten zu müssen. Eventuell vorhandenes Eisen(III)-sulfat geht bei 440° in Eisen(III)-oxyd über und bleibt ebenso wie eventuell vorhandene Kieselsäure als unlöslicher Rückstand nach dem Aufnehmen der Sulfate mit Wasser im Filter.

Genauigkeit der chemischen Bestimmungsmethoden

Die indirekt ermittelten Natriumoxydwerte, berechnet aus der Summe der Sulfate bzw. der den Kationen äquivalenten H^+-Ionen und den durch direkte Titrationen gegen die erwähnten Indikatoren erhaltenen Ca- und Mg-Werte, zeigen, sowohl untereinander als auch mit den nach der LAWRENCE-SMITH-Methode gefundenen Werten, eine ausgezeichnete Übereinstimmung. Die pM-Indikatoren können mit großer Sicherheit eingesetzt werden, da es sich um fast reine Erdalkali-Alkali-Lösungen ohne störende Fremdionen han-

[1]) Mit direkt und indirekt sind hier die Bedeutungen im chemisch-analytischen Sinne gemeint.

[2]) Ohne Berücksichtigung einer Ladung.

delt. Auf Grund unserer Erfahrungen bevorzugten wir die Metallindikatoren Murexid und Eriochromschwarz T.

Von jeder Salzkohleprobe wurden eine Alkalibestimmung nach LAWRENCE-SMITH und mehrere Bestimmungen nach den oben beschriebenen Methoden durchgeführt, wobei die Nebenbestandteile Calcium und Magnesium mit jedem der vier Metallindikatoren titriert wurden.

Tabelle 1 zeigt die Natriumoxydwerte, die sich aus der gewichtsanalytischen Bestimmung der Sulfate und der chelatometrischen Bestimmung des Calciums und Magnesiums (weiter „Verfahren 1" genannt) ergeben.

Tabelle 1. Natriumoxydwerte nach „Verfahren 1" und verschiedenen Bestimmungsmethoden

	Pr. 1	Pr. 2	Pr. 3	Pr. 4	Pr. 5	Pr. 6	Pr. 7	Pr. 8
				% Na_2O				
Lawrence-Smith-Methode	3,28	3,72	2,70	3,72	3,60	3,52	3,22	3,42
Murexid-Metallphtalein [1])	3,25	3,76	2,75	3,67	3,52	3,59	3,32	3,42
Fluorexon – Erio T [1])	3,23	3,78	2,77	3,68	3,52	3,57	3,30	3,44
Methylthymolblau [1])	3,26	3,75	2,74	3,67	3,52	3,58	3,34	3,44
Thymolphtalexon [1])	3,26	3,76	2,77	3,66	3,50	3,59	3,34	3,43

[1]) Indirekte Methode mit Indikatoren

In der Tabelle 2 sind die Natriumoxydwerte zusammengefaßt, die sich aus der Neutralisationstitration der ausgetauschten H^+-Ionen und der chelatometrischen Bestimmung des Calciums und Magnesiums (weiter „Verfahren 2" genannt) berechnen.

Tabelle 2. Natriumoxydwerte nach „Verfahren 2" und verschiedenen Bestimmungsmethoden

	Pr. 1	Pr. 2	Pr. 3	Pr. 4	Pr. 5	Pr. 6	Pr. 7	Pr. 8
				% Na_2O				
Lawrence-Smith-Methode	3,28	3,72	2,70	3,72	3,60	3,52	3,22	3,42
Murexid-Metallphtalein [2])	3,21	3,79	2,74	3,68	3,59	3,59	3,30	3,42
Fluorexon-Erio T [2])	3,21	3,81	2,73	3,67	3,59	3,58	3,32	3,40
Methylthymolblau [2])	3,19	3,76	2,74	3,66	3,61	3,56	3,29	3,38
Thymolphtalexon [2])	3,22	3,76	2,71	3;69	3,57	3,54	3,26	3,44

[2]) Indirekte Methode mit Indikatoren

Jedes Meßergebnis ist grundsätzlich mit einer Ungenauigkeit behaftet, die auf zufällige oder systematische Fehler zurückzuführen ist. Während die systematischen Fehler (Fehler des Beobachters, der Methode, der Instrumente) festgestellt und korrigiert werden können, sind zufällige Fehler nicht durch Korrekturen auszuschalten.

Der Mittelwert M aus 21 Meßwerten, die aus 21 verschiedenen Aufschlüssen einer Kohle stammten, beträgt nach Verfahren 1 4,86% Na_2O und nach Verfahren 2 4,88% Na_2O.

Der mittlere Fehler einer Einzelmessung, GAUSZsche Normalverteilung vorausgesetzt, ist

$$fm = \sqrt{\frac{\Sigma(f^2)}{n-1}}$$

wobei $\Sigma(f)$ die Abweichungen der Einzelmeßwerte vom Mittelwert M und n die Anzahl der Messungen bedeuten.

Aus den Einzelwerten ist der mittlere Fehler fm einer Einzelmessung nach Verfahren 1 = $\pm$ 0,03 und nach Verfahren 2 ebenfalls $\pm$ 0,03. Der relative Fehler beträgt somit für beide Verfahren $\pm$ 0,62%.

Flammenphotometrische Bestimmung der Alkalimetalle

In der bereits erwähnten Arbeit von LISSNER & GÖBEL (1952) wird die Möglichkeit aufgezeigt, nach Überführung der Acetate in die Chloride das Natrium und Kalium flammenphotometrisch zu bestimmen. Störungen durch kolloid gelöste Humate sollen durch Verglühen der organischen Substanz bei Dunkelrotglut beseitigt werden.

Eine flammenphotometrische Bestimmung in Brennstoffaschen, die mit Flußsäure-Schwefelsäure nach BERZELIUS aufgeschlossen werden, beschreiben RADMACHER & SCHMITZ (1957). Die zu untersuchende Lösung enthält auf 100 ml Volumen 10 ml 4n-Salzsäure und zur Eliminierung des Calciums 5 ml 2%ige Phosphorsäure. Aluminium, Eisen und Magnesium sollen die Bestimmung nicht wesentlich stören.

SCHUHKNECHT & SCHINKEL (1957) betrachten jedoch größere Mengen von Aluminium, Eisen und Calcium als störend. Um die Beeinflussung der Emissionsintensität des Natriums durch diese Elemente zu vermindern, wird das Eisen ausgefällt. Durch Zusatz eines gemessenen großen Überschusses von Aluminiumnitrat werden nicht nur Oberflächenspannung, Viskosität und Dichte der Lösung stabilisiert, sondern wird vor allem die Emission des Calciums verhindert.

Apparatur

Bei der Ausarbeitung eines für laboratoriumsmäßige Routine-Analysen geeigneten flammenphotometrischen Schnellverfahrens kam es darauf an, mit einer möglichst einfachen und verhältnismäßig billigen Apparatur höchste Genauigkeit zu erreichen. Wir führten unsere Untersuchungen mit einem Flammenphotometer Modell III von Zeiß Jena aus. Das Brenngas war ein Gemisch von Azetylen und Luft. Beide Gase wurden Druckstahlflaschen entnommen und mit zweistufigen Feindruckminderern einreguliert. Das Flammenphotometer ist mit einem Selensperrschichtelement ausgerüstet, dessen Photoströme mit einem Skalengalvanometer von Zeiß Jena ausschließlich im Empfindlichkeitsbereich „1x" gemessen wurden. Als selektive Lichtfilter dienten Metallinterferenzfilter, die im Flammenphotometer an einer Filterscheibe revolverartig angeordnet sind. Die Durchlässigkeitsmaxima der benutzten Interferenzfilter lagen für Lithium bei 6708 Å, für Natrium bei 5890 Å und für Kalium bei 7665 Å. Die Halbwertsbreite der Interferenzfilter beträgt etwa $\pm$ 50 Å. Eine gegenseitige Verstärkung der Alkalimetallspektrallinien infolge Durchlässigkeit der Filter für benachbarte Linien ist nicht zu erwarten, vorausgesetzt, daß sie nicht durch Spektrallinien von Fremdelementen überlagert werden.

Verfahren mit innerem Standard

Im Hinblick auf die geforderte hohe Geschwindigkeit der Bestimmungen sollten nur Verfahren angewendet werden, die mit einer einzigen Messung auskommen. Die bewährte Eingabelungsmethode mit Rahmenlösungen nach SCHINKMANN (1951), die verschiedene Messungen und eine gesonderte Herstellung von Eichlösungen erfordert, sollte daher vermieden werden. Ein Verfahren mit innerem Standard, sogenanntes Leitlinienverfahren, schien für unseren Zweck besonders geeignet zu sein. Durch Zugabe einer konstanten Menge eines chemisch ähnlichen Elementes zu der Untersuchungslösung können die gemessenen Linienintensitäten durch Quotientenbildung der Photoströme auf den inneren Standard bezogen werden. Auf diese Weise können wegen des gleichartigen Verhaltens von Analysenelement und innerem Standardelement eine ganze Anzahl störender Einflüsse eliminiert werden. Da Lithium in Kohlen in nennenswerter Menge nicht vorkommt — LEUTWEIN &

RÖSLER (1956) fanden bei ihren umfassenden Untersuchungen spektralanalytisch lediglich geringfügige Spuren dieses Elementes —, bot sich uns das Lithium als geeigneter innerer Standard für das Leitlinienverfahren an.

Die entscheidenden Eigenschaften für die Brauchbarkeit des Lithiums als innerer Standard bei der Alkalibestimmung sind:

Element	Wellenlänge Å	Anregungs- energie eV	Schmelzpunkt d. Sulfate °C
Li	6707,84	1,90	857
Na	5889,95	2,11	884
K	7661,01	1,62	1096

Wenn auch mit unserer einfachen Apparatur Analysen- und Leitlinie nur zeitlich nacheinander gemessen werden können, so werden doch verschiedene Fehlerquellen ausgeschaltet, wie z. B. bei getrennten Meßreihen etwas verschieden eingestellte Azetylen- und Luftdrücke, eine eventuell etwas verstellte Irisblende am Kondensorsystem, Kondensationsschwankungen im Zerstäuber infolge ganz allmählich sich einstellenden Temperaturausgleiches, Einflüsse unterschiedlicher Lösungsviskositäten sowie des pH-Wertes der Lösungen, Störungen durch Fremdionen, in längeren Zeiten sich einstellende Ermüdungserscheinungen des Selensperrschichtelementes sowie langsames Zuwachsen bzw. Verengen der Zerstäuberdüse von den Wandungen her durch sich allmählich abscheidende Fremdverbindungen.

Selbstverständlich wird das Prinzip des inneren Standards erst dann restlos ausgeschöpft, wenn Analysen- und Leitlinie gleichzeitig gemessen und damit momentane Zustandsänderungen der Flamme ausgeglichen werden. Hierzu ist jedoch ein erheblicher apparativer Aufwand erforderlich; man vergleiche das speziell für die Methode mit innerem Standard gebaute Zweistrahl-Flammenphotometer von BERRY, CHAPPEL & BARNES (1946) oder das Vielstrahl-Flammenphotometer zur gleichzeitigen Bestimmung von fünf und mehr Elementen nach MARGOSHES & VALLEE (1955).

Die offensichtlich ausgleichende Wirkung des Lithiumstandards gegenüber Natrium als Analysenelement zeigt die Abbildung. Auf der Abszisse sind in gleichen Abständen die Nummern von Versuchslösungen gleichen Gehaltes aufgetragen, von denen je einzeln für sich die Photoströme von Natrium und Lithium gemessen wurden. Die entsprechenden Galvanometerwerte sind auf der Ordinate eingezeichnet. Man sieht deutlich, wie die Lithiumgalvanometerausschläge bei Intensitätsschwankungen den Natriumausschlägen folgen, so daß die Quotienten der Photoströme I_{Na}/I_{Li} annähernd konstant bleiben.

Bei der Untersuchung der Salzkohlen auf Alkalimetalle kommt es praktisch nur auf die Bestimmung des Natriums an, da die K_2O-Gehalte — wie erwähnt — unter 0,1% liegen. Eine Reihe von Lösungen aus verschiedenen Braunkohlen zeigte nach flammenphotometrischer Bestimmung einen durchschnittlichen Gehalt von 0,08% K_2O. Die Eichung der Methode wurde so vorgenommen, daß 26 Lösungen von Natriumsulfat p.a. mit Gehalten von 2,5 bis 60 mg Na_2O/l in Konzentrationsstufen von je 2,5 mg Na_2O/l flammenphotometriert wurden. Die Eichlösungen enthielten jeweils Lithiumsulfat p. a. in der Menge von genau 10 mg

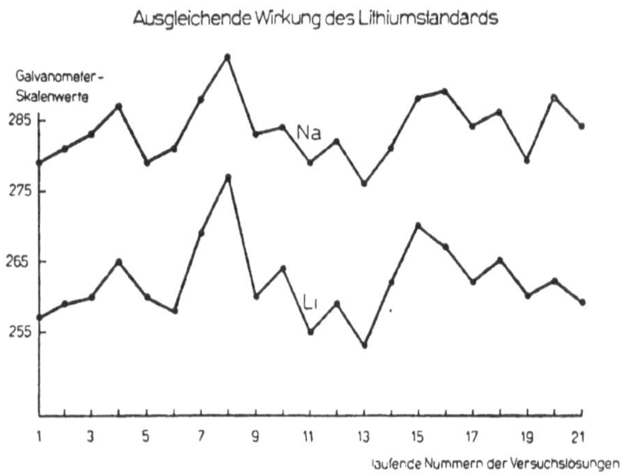

Photoströme von Natrium und Lithium für in verschiedenen Zeitabständen aufgenommene Lösungen gleichen Gehaltes

Li_2O/l. Hierzu wurde jede Lösung mit 10 ml einer in bezug auf Li_2O 0,1%igen Lithiumsulfatlösung versetzt.

Die Analysenlösungen enthielten durchschnittlich etwa 10 mg CaO/l, entsprechend dem essigsäurelöslichen Calciumanteil in der Kohlensubstanz. Diese geringe Menge Calcium stört die Natriumemission noch nicht und liegt auch weit unter dem Sättigungswert des Calciumsulfates in Wasser. Zur Konstruktion der Eichkurve wurden die Quotienten der Natrium- und Lithiumlichtintensitäten, gemessen als Photoströme I_{Na}/I_{Li}, gegen die Natriumkonzentration aufgetragen.

Genauigkeit der Bestimmungen

Um die Reproduzierbarkeit des flammenphotometrischen Verfahrens festzustellen, wurde eine Standardlösung bestimmten Natriumgehaltes mit entsprechendem Lithiumzusatz 25mal zerstäubt und flammenphotometriert. Die GAUSZsche Fehlerrechnung ergab einen mittleren Fehler der Einzelmessung für I_{Na}/I_{Li} von $2{,}23 \pm 0{,}019$, das entspricht einem relativen Fehler von $\pm 0{,}65\%$.

Um das gesamte Verfahren der Natriumbestimmung einschließlich Aufschluß und chemischer Vorbehandlung zu prüfen, wurden 21 Aufschlüsse an Einwaagen von ein und derselben Braunkohle durchgeführt. Die mit Lithiumsulfat versetzten Alkalisulfatlösungen (52 mg Na_2O/l) wurden einzeln im Flammenphotometer auf Natrium und Lithium untersucht. Der mittlere Fehler der Einzelmessung für die Quotienten I_{Na}/I_{Li} betrug $1{,}12 \pm 0{,}013$, entsprechend einem relativen Fehler von $+1{,}11\%$.

Zur Ermittlung der praktischen Genauigkeit bei Routineanalysen wurden eine Reihe von Ergebnissen der flammenphotometrischen Untersuchung verschiedener Salzkohlen den auf chemischem Wege gewonnenen gegenübergestellt. Führt man die statistische Analysenkontrolle mit Hilfe eines vereinfachten Verfahrens durch, wie es z. B. von GRASSMANN (1959) wiedergegeben wurde, so ergibt sich aus 35 Bestimmungen an verschiedenen Braunkohlen ein mittlerer zufälliger Fehler von 1,5% und ein systematischer Fehler von $+1{,}2\%$ (vgl. Tabelle 3).

Auf Grund dieser systematischen Abweichung zwischen den chemischen und flammenphotometrischen Analysenergebnissen besteht die Möglichkeit, eine Korrektur vorzunehmen.

Tabelle 3. Chemische und flammenphotometrische Ergebnisse der Natriumbestimmung an verschiedenen Salzkohlen und Fehlerberechnung

Probe Nr.	mg Na_2O/l chemisch	flammenphot.	Abweichungen +	−
1	22,0	22,5	0,5	
2	34,5	35,0	0,5	
3	31,5	32,0	0,5	
4	40,7	41,0	0,3	
5	41,5	40,5		1,0
6	42,3	44,0	1,7	
7	41,4	42,0	0,6	
8	47,2	47,5	0,3	
9	42,1	42,0		0.1
10	39,5	40,5	1,0	
11	40,5	41,0	0,5	
12	40,3	41,0	0,7	
13	40.0	39,5		0,5
14	41,8	42,5	0,7	
15	34,2	35,0	0,8	
16	37,0	37,0		
17	37,4	38,0	0,6	
18	31.3	32,0	0,7	
19	36.8	37,5	0,7	
20	40,9	41.0	0.1	
21	35,4	35,5	0,1	
22	35,8	36,2	0.4	
23	18,6	19,0	0.4	
24	20,6	21,0	0,4	
25	19,8	20,2	0,4	
26	20,2	20,5	0,3	
27	19,7	20,0	0,3	
28	20,4	20,8	0.4	
29	20,1	20,5	0,4	
30	17,7	18,3	0,6	
31	17,1	17,5	0,4	
32	18,5	18,6	0,1	
33	15,7	16,0	0,3	
34	42,1	42,5	0,4	
35	39,3	39,0		0,3
	1123,9		15,1	1,9

$$a_1 = \frac{15,1 + 1,9}{1123,9} \times 100 = 1,51\%$$

$$a_2 = \frac{15,1 - 1,9}{1123,9} \times 100 = + 1,17\%$$

Arbeitsvorschrift

Aufschluß

Um den Salzgehalt in Braunkohlen zu bestimmen, werden 2 g Substanz eingewogen, mit Alkohol durchfeuchtet und in 100 ml 0,1 m Essigsäure aufgeschlämmt. Man erhitzt 30 min lang am Rückflußkühler zum schwachen Sieden und filtriert anschließend durch ein hartes Filter in einen 200-ml-Maßkolben. Der Rückstand wird mit heißer 0,01 m Essigsäure gut ausgewaschen. Nach dem Erkalten des Filtrates wird mit Wasser bis zur Marke aufgefüllt. Dann pipettiert man 100 ml Lösung ab und dampft sie bis auf ein Drittel des Volumens ein. Nun kann man die Bestimmung des Salzgehaltes nach einem der drei von uns vorgeschlagenen Verfahren durchführen.

1. Gewichtsanalytische Bestimmung der Sulfate und chelatometrische Bestimmung des Calciums und Magnesiums

Die Analysenlösung wird in einer Platinschale mit 1 ml halbkonzentrierter Schwefelsäure versetzt, auf dem Wasserbad weitestgehend eingedampft und über dem Bunsenbrenner so lange erhitzt, bis keine weißen Nebel mehr auftreten. Man erhitzt noch eine halbe Stunde bei 600° C im Ofen und erhöht dann die Temperatur so, daß sie nach 20 min 800° C beträgt. Im Exsikkator läßt man abkühlen und wägt die Sulfate. Dann löst man die Sulfate in heißem Wasser und filtriert durch ein Hartfilter, das man mit heißem Wasser gut auswäscht. Man verascht das Filter in der Platinschale, glüht im Ofen bei 800° C und wägt die Schale mit dem Rückstand. Die Differenz zwischen den beiden Wägungen ist die Menge der Alkali- und Erdalkalisulfate. Im Filtrat wird das Calcium und Magnesium titriert:

Reagenzien

0,05 m ÄDTA-Lösung: 18,61 g ÄDTA werden in Wasser gelöst und auf 1000 ml aufgefüllt. Die Titereinstellung erfolgt mit 0,05 m Calciumnitratlösung bei p_H 13 gegen Murexid.

1 m Natronlauge: 40,01 g Natriumhydroxyd werden in Wasser gelöst und auf 1000 ml aufgefüllt.

Pufferlösung p_H 10: 70 g Ammoniumchlorid werden in 570 ml Ammoniak (Dichte 0,91) gelöst und mit Wasser auf 1000 ml aufgefüllt.

Indikatoren

Die Indikatoren Murexid und Eriochromschwarz T werden mit Natriumchlorid im Verhältnis 1:100 gut gemischt.

Für eine Titration verwendet man etwa 50 mg der jeweiligen Indikatormischung.

Titration

In 100 ml der neutralen Calcium und Magnesium enthaltenden Lösung wird p_H 13 durch Zugabe von 10 ml m Natronlauge eingestellt und das Calcium gegen Murexid bis zum Farbwechsel von Rot nach Blauviolett titriert. Danach wird die Lösung mit 12 ml m Salzsäure sauer gemacht und auf 40° erwärmt. Dabei zersetzt sich das Murexid, und die Lösung bleicht aus. Wenn sie vollkommen farblos ist, wird mit Natronlauge neutralisiert. Dann wird die Analysenlösung mit 3 ml Pufferlösung p_H 10 versetzt und das Magnesium gegen Erio T titriert. Der Endpunkt ist erreicht, wenn die Farbe von Rot nach Blau wechselt.

1 ml 0,05 m ÄDTA-Lösung entspricht 6,807 mg $CaSO_4$ oder 6,019 mg $MgSO_4$. Die Differenz zwischen der Menge der Gesamtsulfate und der der titrierten Erdalkalisulfate ist Alkalisulfat.

2. Neutralisationstitration der den Gesamtkationen äquivalenten H^+-Ionen und chelatometrische Bestimmung des Calciums und Magnesiums

Die essigsaure Analysenlösung wird zunächst mit 10 ml halbkonzentrierter Salzsäure versetzt und auf dem Wasserbad zur Trockne gedampft, weitere fünfmal mit halbkonzentrierter Salzsäure eingedampft und anschließend 30 min lang im Trockenschrank bei 115° erhitzt. Der Abdampfrückstand wird mit Wasser aufgenommen. Diese neutrale Lösung gibt man durch einen in der H^+-Form befindlichen Kationenaustauscher (Wofatit KPS 200, Korngröße 0,1 bis 0,2 mm, Säulendimension: h = 10 cm, d = 1,0 cm). Im Durchlauf wird die Salzsäure mit 0,1 m Natronlauge gegen einen Methylrot-Methylenblau-Mischindikator titriert (0,2 g Methylrot und 0,05 g Methylenblau werden in 250 ml Alkohol gelöst) und der Natronlaugeverbrauch als Cl′ berechnet. 1 ml 0,1 m NaOH entspricht 3,546 mg Cl′.

Die Kationen werden mit 4 m Salzsäure vom Ionenaustauscher eluiert und der Austauscher mit Wasser säurefrei gewaschen. Das Eluat wird, um den größten

Teil der Salzsäure zu vertreiben, bis fast zur Trockne verdampft. Der eben noch feuchte Rückstand wird mit Wasser aufgenommen, und in der Lösung werden die Erdalkalien titriert. Die gefundenen Calcium- und Magnesiummengen werden als Cl' berechnet und vom Summenwert der durch die Neutralisationstitration ermittelten Chloridionen in Abzug gebracht. Die Differenz wird auf Natriumoxyd umgerechnet.

Orientierende Versuche, die dazu dienten, nach der Überführung der Kationen in die Chloride in einem aliquoten Teil eine maßanalytische Bestimmung der Chloridionen durchzuführen und in einem anderen Teil Calcium und Magnesium chelatometrisch zu titrieren, ergaben ebenfalls vollkommen einwandfreie Werte. Der Gehalt an Natriumoxyd errechnet sich hierbei durch Umrechnung des Calciums und Magnesiums auf Cl' und Abzug von der Summe der Chloridionen.

3. Flammenphotometrische Bestimmung der Alkalimetalle

Die nach Abs. „Aufschluß" hergestellte essigsaure Analysenlösung (100 ml) wird in einer Platinschale mit 1 ml halbkonzentrierter Schwefelsäure versetzt, abgedampft und über dem Bunsenbrenner erhitzt, bis keine weißen Nebel mehr entweichen. Anschließend glüht man noch so lange weiter, bis der Rückstand rein weiß, eventuell schwach gelb, erscheint. Der erkaltete Rückstand wird in heißem Wasser gelöst und in einem 1-l-Maßkolben filtriert. Dem Filtrat, das vollkommen blank sein soll, werden als innerer Standard 10 ml Lithiumsulfatlösung (entsprechend 10 mg Li_2O) aus einer Mikrobürette hinzugefügt. Nachdem der Maßkolben bis zur Marke mit Wasser aufgefüllt wurde, wird die Lösung dann entsprechend den im Abs. „Verfahren mit innerem Standard" gemachten Ausführungen flammenphotometriert.

Wir arbeiten in unserem Kohlenlaboratorium bei Anwendung der obenbeschriebenen Untersuchungsverfahren gewöhnlich mit zehn Rückflußkühlern zur Säureextraktion der Kohlenproben gleichzeitig. So werden im Durchschnitt 10 Braunkohlen an einem Tage nach den chemischen Bestimmungsmethoden und 25 Braunkohlen an einem Tag flammenphotometrisch quantitativ auf Salzgehalt untersucht.

Der Zeitbedarf, den die eigentliche flammenphotometrische Bestimmung (Ablesung der Galvanometerwerte, Korrekturen, Quotientenbildung, Ablesen aus der Eichkurve, Protokollführung) erfordert, macht naturgemäß nur einen Bruchteil des Gesamtzeitaufwandes der Bestimmung aus. Zwei Laboranten können ohne weiteres 50 Lösungen in etwa 3 Stunden messen und auswerten.

(Eingang des Manuskriptes am 16. 12. 1959)

Zusammenfassung

Die Arbeit befaßt sich mit der Schnellbestimmung des Salzgehaltes in Salzkohlen. Es werden drei Schnellverfahren mit direktem Aufschluß der Kohle durch Essigsäureextraktion beschrieben, die auf Grund ihrer Einfachheit auch für Betriebslaboratorien geeignet sind:

1. Gewichtsanalytische Bestimmung der Sulfate und chelatometrische Bestimmung des Calciums und Magnesiums gegen pM-Indikatoren.
2. Neutralisationstitration der den Gesamtkationen äquivalenten H^+-Ionen und chelatometrische Bestimmung des Calciums und Magnesiums gegen pM-Indikatoren.
3. Flammenphotometrische Bestimmung der Alkalimetalle in sulfatischer Lösung mit Lithium als innerem Standard.

Die Reproduzierbarkeit der Verfahren 1 und 2 beträgt $\pm 0{,}6\%$, die des flammenphotometrischen Verfahrens $\pm 1{,}5\%$ vom Gehaltswert.

Es wird eine genaue Arbeitsvorschrift gegeben mit wichtigen Hinweisen für die Ausführung der beschriebenen Verfahren. Normalerweise werden 25 Salzkohlen pro Tag auf Alkaligehalt untersucht.

Резюме

В работе говорится об ускоренном определении содержания соли в солесодержащем угле. Описываются три ускоренных метода с непосредственным разложением угля при помощи экстракции с уксусной кислотой в качестве растворителя. Они вследствие своей несложности пригодны также для заводских лабораторий:

1. Весовое определение фосфата и хелатометрическое определение кальция и магния с помощью pM-индикаторов.
2. Титрация для нейтрализации H^+-ионов, эквивалентных общему количеству ионов и хелатометрическое определение кальция и магния с помощью pM-индикаторов.
3. Фотометрическое определение при помощи пламени щелочных металлов в сульфатовом растворе с литием в качестве внутреннего стандарта.

Возможность репродукции методов 1 и 2 составляет $\pm 0{,}6\%$, а фотометрического метода при помощи пламени $\pm 1{,}5\%$ общей величины.

Даются точные предписания для работы с важными указаниями для осуществления указанных методов.

Summary

The paper deals with the rapid determination of the salt content in salt coals. Three rapid methods of direct decomposition of the coal by acetic acid extraction are described. Owing to their simplicity, the methods are also suited for plant laboratories:

1. Gravimetric determination of sulphates and chelatometric determination of calcium and magnesium versus pM indicators.
2. Neutralizing titration of H^+ ions equivalent to the total amount of ions, and chelatometric determination of calcium and magnesium versus pM indicators.
3. Flame photometric determination of alkali metals in sulphate solution using lithium as internal standard.

The reproducibility is $\pm 0{,}6\%$ for methods 1 and 2, and $\pm 1{,}5\%$ of the value for the flame photometric method.

Precise directions are given as to the procedure including points to be considered in carrying out the methods described.

Literatur

ANDEREGG, G., H. FLASCHKA, R. SALLMANN & G. SCHWARZENBACH: Metallindikatoren VII. Ein auf Erdalkalien ansprechendes Phtalein und seine analytische Bedeutung. — Helv. chim. acta 37 (1953) 113.

BERRY, J. W., D. G. CHAPPEL & R. B. BARNES: Improved method of flame photometry. — Ind. a. Eng. Chem., Anal. Ed. 18 (1946) 19—24.

GRASSMANN, H.: Die chemische Analyse im Dienste der Lagerstättenbemusterung der Staatlichen Geologischen Kommission. — Z. f. angew. Geologie 5 (1959) 108—113.

KÖRBL, J. & B. KAKÁČ: Metallochromic indicators V. Acid-base indicator properties of methylthymol blue. — Coll. Czech. Chem. Comm. 22 (1957) 1789—1792.

KÖRBL, J. & R. PŘIBIL: Metalocromni indikatory VI. Analoga O-Kresolftaleinkomplexonou. — Chem. Listy 51 (1957) 1804.

KÖRBL, J. & F. VYDRA: Metallochromic indicators IV. A note on the preparation and properties of „calcein". — Coll. Czech. Chem. Comm. 23 (1958) 622—627.

LEHMANN, H.: Die Entstehung der mitteldeutschen Salzkohle. — Freiberger Forschungshefte 1 (1951) 78—81.

LEUTWEIN, FR. & R.-J. RÖSLER: Geochemische Untersuchungen an paläozoischen und mesozoischen Kohlen Mittel- und Ostdeutschlands. — Freiberger Forschungshefte C 19 (1956) 1—196.

LISSNER, A.: Chemische Aufbereitung von Salzkohle. — Bergbau und Energiewirtschaft 3 (1950) 321.

LISSNER, A. & W. GÖBEL: Zur genauen Bestimmung des Alkaligehaltes in Salzkohlen. Energietechnik 2 (1952) 112—115.

MARGOSHES, M. & B. L. VALLEE: A multichannel flame spectrometer employing automatic background correction. — Analyt. Chemistry 27 (1955) 320.

RADMACHER, W. & W. SCHMITZ: Analytische Schnellmethoden zur Untersuchung von Brennstoffaschen. — Brennstoff-Chemie 38 (1957) 270—274.

SCHINKMANN, A.: Das Flammenphotometer im Dienst der Keramik. Silikattechnik 2 (1951) 163.

SCHUHKNECHT, W. & H. SCHINKEL: Die flammenphotometrische Bestimmung des Alkaligehaltes von Brennstoffaschen. — Brennstoff-Chemie 38 (1957) 275—277.

SCHWARZENBACH, G. & W. BIEDERMANN: Komplexone X. Erdalkali-Komplexe von 0,0'-Dioxyazofarbstoffen. Helv. chim. acta 31 (1948) 678.

SCHWARZENBACH, G. & H. GYSLING: Metallindikatoren I. Murexid als Indikator auf Ca und andere Metallionen, Komplexbildung und Lichtabsorption. — Helv. chim. acta 32 (1949) 1314.

STAEMMLER, C.: In: Richtlinien über die Methoden der Untersuchung von Rohbraunkohle, Braunkohlenbriketts und Schwelereiprodukten in den volkseigenen Braunkohlenbetrieben. — Berlin (1954) 39—40.

Landgewinnungsarbeiten der Holländer in Gegenwart und Zukunft

GÜNTHER SAGER, Warnemünde

Landgewinnung und Landverluste in älterer Zeit

Einen aufschlußreichen Überblick zur Landgewinnung in Holland gibt v. VEEN in Form einer grafischen Darstellung (Abb. 1), wobei die Hektarzahlen an Neuland jeweils über 50 Jahre zusammengefaßt sind. Insgesamt sind seit 1250 an Neuland durch Bedeichung 350000 ha gewonnen worden, was einem Durchschnitt von 500 ha je Jahr entspricht. Allein in der ersten Hälfte des 17. Jahrhunderts sind rund 50000 ha Neuland eingedeicht worden, in der zweiten Hälfte 40000 ha, Zahlen, die bis zur Gegenwart mit ihren viel größeren technischen Hilfsmitteln nicht wieder erreicht worden sind.

Zieht man die Bilanz zwischen den Landverlusten und dem Landgewinn, so fällt sie erst in jüngster Zeit positiv aus, nachdem die großen Trockenlegungsarbeiten in der früheren Zuidersee entsprechend vorgeschritten sind. Für die Zeit von 1250 bis 1950 steht dem Landverlust von 500000 ha ein Gewinn von 550000 ha gegenüber. Wenn auch der Landverlust in erster Linie durch Sturmfluten bzw. das langsame Zerstörungswerk der See verursacht wird, so ist dies doch nicht der einzige Grund. Zwar sind die entscheidenden Einbußen, wie z. B. die Entstehung der Zuidersee — um 1300 durch Bruch und anschließende Erosion eines Kleigürtels zwischen Wieringen und Harlingen aus dem Flevosee hervorgegangen —, des Dollart und der Lauwerszee dem Meere und viele andere den Überschwemmungen der Flüsse zuzuschreiben; aber nicht zu unterschätzen sind auch die künstlichen Eingriffe durch Menschenhand.

Zur künstlichen Vernichtung von Boden hat u. a. die früher weit verbreitete Salzgewinnung aus torfigen Schichten geführt, die im 14. und 15. Jahrhundert in Zeeland und Südholland intensiv betrieben wurde. Dazu gesellte sich das eigentliche Torfstechen für Brennzwecke, das wir im 15. bis 17. Jahrhundert in Südholland, in den beiden folgenden Jahrhunderten vorwiegend im Utrechter Bezirk finden. In neuerer Zeit wurde die Sandgewinnung für Bauzwecke und Wegeherstellung relativ rücksichtslos durchgeführt, wobei stellenweise so tiefe Gruben ausgehoben wurden, daß mit ihrer Rückgewinnung bei der niedrigen Höhenlage des Landes nie mehr zu rechnen ist. Zu allem Übel treten noch verheerende Eingriffe zu Kriegszeiten, die auch vor den Deichen nicht haltmachen. Insgesamt wurden im letzten Krieg rund 9% der Oberfläche der Niederlande unter Wasser gesetzt.

Der Abschluß der Zuidersee

Wie auch immer die politisch-wirtschaftlichen Erwägungen betreffs der Landgewinnung sich im Laufe der Zeit gewandelt haben mögen, ein Plan von den Ausmaßen der Trockenlegung der Zuidersee konnte erst in unserem Jahrhundert greifbare Gestalt annehmen, nachdem die technischen Voraussetzungen dazu vorhanden waren.

Beim Beginn der Vorarbeiten im Jahre 1919 umfaßte die Zuidersee rund 3600 km², das ist ein Zehntel der Oberfläche der Niederlande. Der Plan der Abdämmung und teilweisen Trockenlegung hatte folgende Zwecke zu erfüllen:

1. Sicherung der Zuiderseepolder gegen Sturmfluten durch einen reichlich 30 km langen Abschlußdamm zwischen Wieringen und Zurich, der die mehrere hundert Kilometer langen Zuidersee-Deiche in die Funktion von Schlafdeichen zurückversetzt, womit erhebliche Einsparungen an Deicherhaltungskosten erreicht werden;

2. Gewinnung wertvollen Bodens durch Trockenlegung eines Teils des nunmehr von der Wirkung der Gezeiten, Gezeitenströme und Sturmfluten ausgeschlossenen Meeres in Gestalt mehrerer großer Polder, die von Wasserwegen umgeben sind und durch Brücken mit dem Festland bzw. teilweise untereinander in Verbindung stehen;

3. Verbesserung des Wasserhaushalts durch Schaffung eines Süßwasserbeckens von etwa einem Drittel der Fläche der ehemaligen Zuidersee zwecks Versorgung der umliegenden sowie der neu zu schaffenden Polder, die zunehmender Versalzung ausgesetzt sind;

4. Verbesserung der Bedingungen der Süßwasserfischzucht durch die Aussüßung des Restmeeres, das nach der bei Kampen mündenden Ijssel künftig Ijsselmeer genannt wird und wenigstens einem Teil der über 3000 Fischer an der Zuidersee eine neue Existenz bieten wird;

5. Errichtung einer direkten und schnellen Straßenverbindung zwischen Nordholland und Friesland auf dem neuen Abschlußdeich, die damit rund 200 km kürzer wird und womit die auf den Untiefen der alten Zuidersee bislang nötige Wasserverbindung zwischen beiden Provinzen abgelöst wird.

Zu Beginn der Arbeiten waren kaum nennenswerte Erfahrungen für den Bau eines durch 30 km Wattenmeer führenden Absperrdammes vorhanden, da ähnliche Vorhaben bis dahin an der Nordsee noch nicht durchgeführt worden waren.

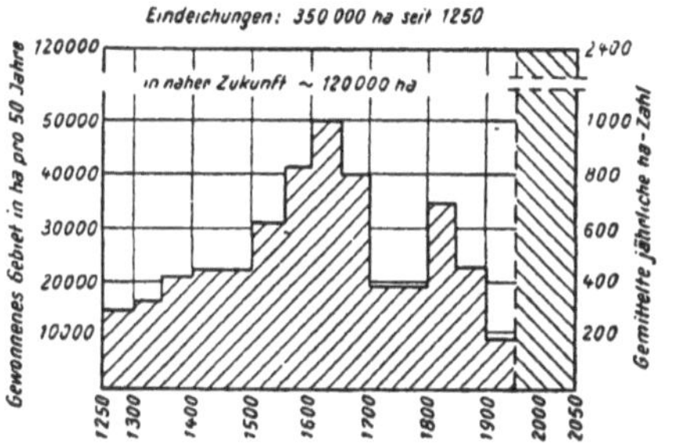

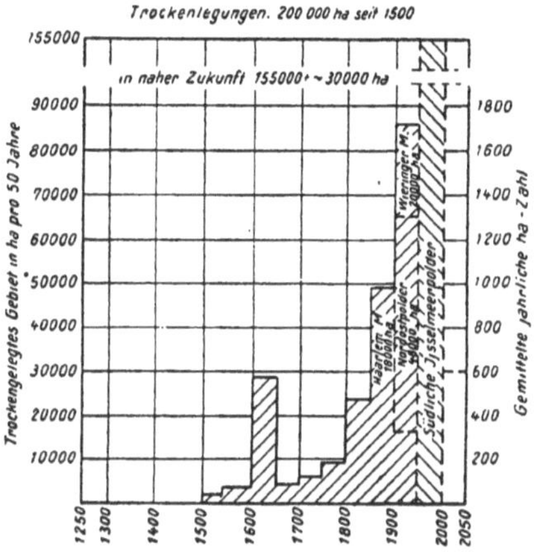

Abb. 1a u. b. Diagramme der Eindeichungs- und Trockenlegungsarbeiten in Holland (nach v. VEEN)

Abb. 2. Dammvortrieb beim „Einpoldern“

Für den Bau des großen Abschlußdeiches standen neben den geologischen Untersuchungen vor allem hydrologische Fragen im Vordergrund, weil man beim Schließen der Deichlücken mit ungeahnten Schwierigkeiten rechnen mußte, obwohl zwei Vorteile sehr für sich sprachen, nämlich einmal die relativ geringen Gezeiten von maximal wenig über einem Meter Tidenhub und zum anderen die durchschnittlich entlang der Dammlinie vorhandenen kleinen Tiefen von 3 bis 4 m. Inzwischen hatte man sich neben den eigenen Erfahrungen auch die der deutschen Arbeiten am 12 km langen Sylter Damm zu eigen gemacht, der zwar nur über Durchschnittstiefen von 2 m bei mittlerem Hochwasser führte und lediglich ein Tief — das sog. Osterley — mit 5 m zu überqueren hatte, dafür aber Tidenhüben von 2,0 bzw. 1,5 m bei Spring- bzw. Nippzeit ausgesetzt war.

Nach den einleitenden Arbeiten, wie der Anlage von Schutzhäfen für die Arbeitsgeräte und das Material, begann man mit dem Bau der Schleusen und mit dem Vortreiben des Dammkörpers. Er setzt sich aus einem Grunddamm und dem eigentlichen Abschlußdamm zusammen. Als Schüttmaterial für die weniger gefährdeten Teile wurde Sand verwendet, für die dem Wellenangriff künftig am stärksten ausgesetzte Nordseite sowie zur Abdeckung der Sandschüttung benutzte man ein in der Nähe gebaggertes Material besonderer Zähigkeit, den sog. Keileem. Dieser Keileem — der unter Wasser geklappt wurde — mußte während des Baues Wassergeschwindigkeiten bis zu 5 m/sec aushalten und hat sich bestens bewährt.

Die Kronenbreite des Grunddammes beträgt 130 m, die Übergänge zu den Böschungen sind beiderseits durch Sinkstücke geschützt. Der Abschlußdamm mißt in der Niedrigwasserlinie 90 m Breite und ist bis etwa zur Linie des N. A. P. mit Sinkstücken und anschließend oberhalb mit einer 40 bis 75 cm dicken Steinbekleidung abgedeckt. Auf der Nordseite ist die Dammkrone kappenförmig überhöht und besitzt dort eine Höhe von rund 6 m über dem ursprünglichen mittleren Hochwasser. Die nutzbare Kronenbreite beläuft sich auf 30 m. Insgesamt sind bei dem Dammbau 27 Mio m^3 Sand und 15 Mio m^3 Keileem verarbeitet worden, zuzüglich großer Mengen Steine.

Die Gewinnung der Polder

Trotz der beträchtlichen Kosten für den Dammbau von rund 170 Mio Gulden begann man fast gleichzeitig mit den Arbeiten zur Gewinnung des ersten Polders, der sich südlich an die Insel Wieringen und an eine längere Strecke der Provinz Nordholland anlehnt, also einerseits den Vorteil einer relativ kurzen Deichlänge, dafür aber andererseits den Nachteil der seinerzeit noch vorhandenen Gezeiten hatte, so daß stärkere Profile als bei den späteren Einpolderungen nötig waren. Um bei der Trokkenlegung nicht allzuviel experimentieren zu müssen, war 1927 bereits ein 40 ha großer Versuchspolder bei Andijk — etwa halbwegs zwischen Medemblik und Enkhuizen — hergestellt worden, in dem die Bedingungen für die Folge der Pflanzen mit zunehmender Entsalzung, die Abstände der Entwässerungsgräben und vieles mehr studiert wurden, so daß man für die eigentlichen Projekte eine recht gute Grundlage besaß.

Jeder Trockenlegung vorauf geht eine umfangreiche geologische Tätigkeit. Viele Hunderte von Bodenproben aus verschiedenen Tiefen werden entnommen, dazu kommen Bohrungen an den voraussichtlichen künftigen Deichlinien, die Aufschluß über die genaue Führung der Trasse geben sollen. Aus der resultierenden Bodenkarte kann man entscheiden, welche Gebiete vorwiegend für Ackerbau in Frage kommen, wo aufgeforstet werden soll und wo größere Ansiedlungen bzw. örtliche Industrien möglich sind. Eine genaue Tiefenkarte ergänzt das Bild und ist für die Entwässerung des künftigen Polders wesentlich.

Nach der Anlage eines sog. Arbeitshafens, der meistens zentral — d. h. ein erhebliches Stück in das Ijsselmeer vorgeschoben — aufgespült wird, beginnt man mit dem Deichvortrieb, wie dies die Abb. 2 erkennen läßt. Stellenweise kann man den Boden der unmittelbaren Umgebung entnehmen, manchmal muß erst der nicht genügend feste Untergrund des jahrhundertelang vom Meer bedeckten Bodens abgebaggert und durch festeres Gut ersetzt werden. Parallel mit dem Deichbau geht die Errichtung von Schöpfwerken, die nach dem Deichabschluß arbeitsfähig sein müssen. Einen Einblick in ihre Leistungsfähigkeit gibt die Tabelle 1, ein Beispiel zeigt die Abb. 3. Man verwendet entweder elektrischen oder Dieselantrieb und achtet darauf, daß jeder Polder mit Anlagen beider Antriebsarten ausgestattet ist, falls einmal eine Kraftquelle ausfallen sollte. Das Auspumpen des anfangs einem See gleichenden Polders geschieht in mehreren Monaten.

Noch vor der Trockenlegung baggert man die Hauptentwässerungskanäle, die gleichzeitig dem Transport der Materialien dienen, da zunächst kein Begehen des zutage getretenen, schlammig-weichen und überaus öden Bodens möglich ist. Mit fortschreitender Austrocknung führt man zu dem Netz der Hauptkanäle ein System von Nebengräben, ähnlich den Grüppen an unserer Nordseeküste. Diese Grüppen werden mit Furchenpflügen gezogen, wie die Abb. 4 zeigt, von denen die größten Geräte bis zu 200 Erdarbeiter ersetzen. Die Gräben verschlammen im Laufe der Zeit und müssen mehrfach sorgfältig nachgezogen werden. Später werden darin die Drainageröhren verlegt, die auf den Parzellierungsplan abgestimmt worden sind.

In der weiteren Folge beginnt man mit der Anlage von Wegen, Straßen, Kanälen, Brücken, dem Bau von Gehöften und schließlich Dörfern und Städten. Im allgemeinen müssen sämtliche Bauwerke auf Pfählen gegründet werden, da der Untergrund relativ nachgiebig bleibt, ja man sogar mit einem Setzen von 1 m in etwa 80 Jahren rechnen muß.

Von den ehemals 3600 km² Meeresboden sollen bis etwa 1980 rund 2200 km² in landwirtschaftliche Nutzung genommen werden, von dem Rest entfallen ungefähr 1100 km² auf den Süßwasserspeicher des Ijsselmeers und ein kleiner Teil auf die Fahrwasser um die Polder herum, die teilweise unabhängig vom Festland angelegt werden, um dadurch die sonst eintretende Grundwasserabsenkung der alten Zuiderseepolder zu vermeiden. Infolge der nahezu kreisförmigen Form der meisten neuen Polder ergibt sich ein günstiges Verhältnis zwischen Deichlänge und gewonnener Hektarzahl, man hat ungewöhnlich kleine „Bedeichungszahlen". Wenn die Kosten dennoch recht hoch liegen, nämlich durchschnittlich 12000 Gulden je Hektar — die Kosten des gesamten Projekts betragen demnach 2,5 Mrd. Gulden —, so hat das natürlich seine Ursache in den

Tabelle 1. Charakteristische Daten der Ijsselmeerpolder

	Wieringer-meerpolder	Nordost-polder	Flevoland-Ost
Deichlänge km	25	65	90
Größe ha	20000	48000	54000
Bedeichungszahl m ha	1,2	1,3	1,7
Beginn der Arbeiten	1928	1937	1950
Deichschlußjahr	1929	1940	1956
Dauer des Auspumpens, Monate	8	20*	8
Zahl der Pumpstationen	2	3	3
Förderleistung m³/min	1500, 1000	1635, 1560, 1200	1500, 1500, 1000
Größe der Parzellen ha	meist 20	12, 24, 36, 48	15, 30 u. 60
Anteil besten Bodens %	70	77	96
Jahr der In-Kulturnahme	1931	1947	ca. 1964
Zahl der Dörfer	3	10	noch offen
Zahl der Städte	—	1	mindestens 1
Gepflasterte Straßen km	240	480	noch offen
Zahl der Brücken	59	69	noch offen

*) Verzögerung durch die Kriegsereignisse

außergewöhnlichen Umständen, unter denen diese Trockenlegungen vorgenommen werden. Die wichtigsten Daten der drei ersten Polder sind in der Tabelle 1 einander gegenübergestellt.

Weitere Pläne zur Landgewinnung

Das Kernstück der Landgewinnungsanlagen sind ins Watt vorgetriebene lange, von Pfählen gesäumte Dämme aus Klei oder Weidengeflecht, die 10 bis 20 cm über das gewöhnliche Hochwasser (G. H. W.) reichen. Quer zu diesen werden weitere solcher Schlickfänge oder Lahnungen angelegt, die das zum Schlickabsatz in Betracht kommende Gebiet in Felder von 400 × 400 m teilen, nur von einer oder zwei Einstromöffnungen unterbrochen. Von diesen werden auf die Küste zuführend 30 bis 35 cm tiefe und mehrere Meter breite Hauptrinnen angelegt, von denen schmalere und seichtere Quergräben abzweigen, wie dies die Abb. 5 schematisch zeigt. In die Quergräben münden die sog. Grüppen, das sind 1 bis 2 m breite und 20 bis 25 cm tiefe Gräben,

Abb. 3. Das elektrisch betriebene Schöpfwerk Lely im Wieringermeerpolder

Abb. 4. Mechanischer Grabenpflug im Wieringermeerpolder

die einen Abstand von 5 bis 10 m haben, der sich aus der Tätigkeit beim Ausheben ergibt.

Bei Flut strömt das Wasser aus den Prielen zunächst in die Haupt- oder Flutgräben, dann in die Quergräben und schließlich in die Grüppen, zwischen denen es dann zur Ruhe kommt, zumal der zwischen diesen verteilte Aushub kleine Rücken bildet, die der Strömung entgegenwirken. Dasselbe System bewirkt auch ein relativ ruhiges Abfließen bei Ebbe, so daß ein Teil des feinen, vom Seewasser mitgeführten Schlicks zurückbleibt. Die bald zuschlickenden Grüppen müssen von Zeit zu Zeit ausgehoben werden, wobei der Aushub wieder auf die dazwischen liegenden Beete verteilt wird. Auf diese Weise gelingt es im allgemeinen nach wenigen Jahren, einen Anwachs des Wattbodens auf einen halben Meter unter G. H. W. zu erzielen, wenn nicht Sturmfluten das langsam reifende Werk zu sehr beeinträchtigt haben.

Bei dieser Höhenlage kann eine typische einjährige Salzpflanze, der Queller (Salicornia herbacea), Fuß fassen, der durch seine glasig-fleischigen Arme zur weiteren Dämpfung der Strömung und zur Aufhöhung und Festigung des Bodens beiträgt. Man findet den Queller im allgemeinen im Bereich zwischen 30 cm unter bis 30 cm über G. H. W. Daneben sind seit geraumer Zeit Versuche mit einer nordamerikanischen Halophytenart, dem sog. Reisgras (Spartina townsendii), unternommen worden, das bereits zwischen 70 bis 50 cm unter G. H. W. gedeiht und zur Hortbildung neigt. Zu den ersten Pflanzen gehört schließlich noch die Salzaster (Aster tripolium), deren Bereich oberhalb desjenigen des Quellers liegt.

Nach etwa einem Jahrzehnt hat das aufgelandete Watt die Höhe des gewöhnlichen Hochwasserspiegels erreicht, womit weitere Pflanzen Existenzmöglichkeiten finden. Nach 3 bis 4 Jahrzehnten kann man mit einer durchschnittlichen Erhöhung dieses Vorlandes auf einen halben Meter über G. H. W. rechnen, die im allgemeinen für die Bedeichung erwünscht ist, soweit nicht örtliche Verhältnisse geringere Anforderungen zulassen.

Um bei geplanten Eindeichungen eine ungefähre Vorstellung von dem Wert des Bodens zu haben, hat man aus zahlreichen planmäßigen Untersuchungen auf Versuchsfeldern gewisse Richtlinien erarbeitet, die etwa das Folgende besagen:

1. Als sehr guter Boden gilt eine 80 bis 100 cm oder noch stärkere Schicht aus kiesigen Bestandteilen mit 20% Kleigehalt auf sandigem Untergrund, wobei man erst dann von Klei spricht, wenn seine Teilchengröße unter 16—20 μ liegt. Mit dieser Art von Böden erreicht man hohe Erträge und kann selbst Trockenperioden von einigen Wochen überbrücken.

2. Böden mit einer Dicke der kiesigen Schicht von 70 cm und 14 bis 15% Klei werden als gut angesehen und gelten der Klasse der besten Böden des Binnenlandes als gleichwertig. Sie liefern überdurchschnittliche Ernten und können kürzere Trockenzeiten ohne Schaden für die Pflanzen vertragen.

3. Als Grenze für einen eindeichungswürdigen Boden hat sich im allgemeinen eine Schichtdicke von 60 cm mit einem Schlickgehalt von 12% herausgestellt. Bei ausgiebiger Wasserversorgung kann selbst ein solcher Boden noch als gut angesprochen werden.

4. Bei dünner Schichtdicke und weniger als 10% Kleianteil sinken die Erträge merklich, die Auswahl der Gewächse geht zurück, das Widerstandsvermögen gegen Trokkenheit nimmt ab, und bei entsprechender Korngrößenverteilung besteht die Gefahr des Staubflugs.

Bei den für Landgewinnungsarbeiten ins Auge gefaßten Gebieten muß man ferner nach Möglichkeit eine Abschätzung des zu erwartenden Schlickanfalls vornehmen können, da es bei sehr geringer Anlandung geschehen kann, daß die Niveauerhöhung der säkularen Küstensenkung nicht genügend entgegenarbeitet und der Prozeß sich äußerst langwierig und unrentabel gestaltet. Zu diesem Zweck muß man über eine längere Periode möglichst bei Tag und Nacht Messungen des Sinkstoffgehalts des betreffenden Gewässers und seiner weiteren Umgebung durchführen und die Kleiablagerungen sorgfältig verfolgen. Daß solche Beobachtungen nicht nur zeitraubend und kostspielig, sondern bei der Tücke der Watten und Zeegaten mit ihren wechselnden Tideverhältnissen auch gefährlich sind, ist einleuchtend. Schließlich müssen die Messungen bei den gerade interessanten stürmischen Wetterlagen unterbleiben.

Trotz dieser Einschränkungen liegen bereits eine Reihe aufschlußreicher Ergebnisse über Entstehung, Herkunft und Transport des Schlicks vor. So hat man aus dem stärkeren Schlickgehalt der Watten und Zeegaten gegenüber den Flüssen feststellen können, daß der Klei überwiegend aus See antransportiert wird. Er entstammt teilweise den in See angeschnittenen Klei-

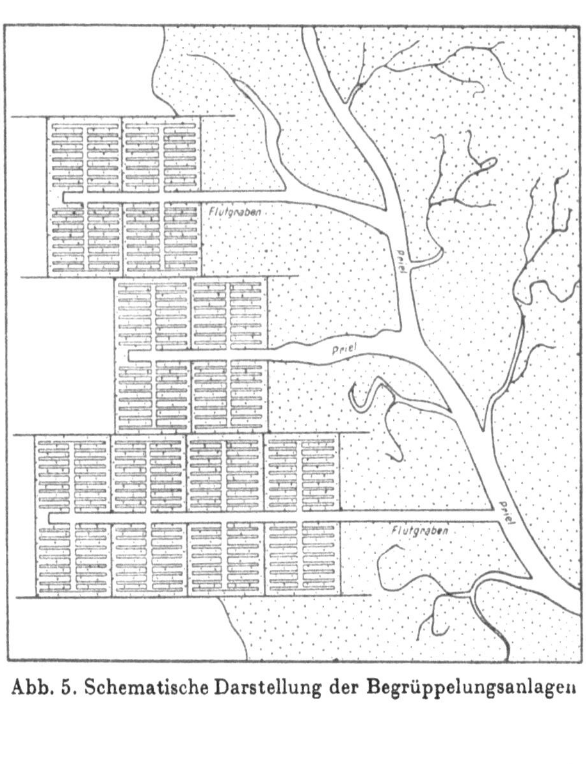

Abb. 5. Schematische Darstellung der Begrüppelungsanlagen

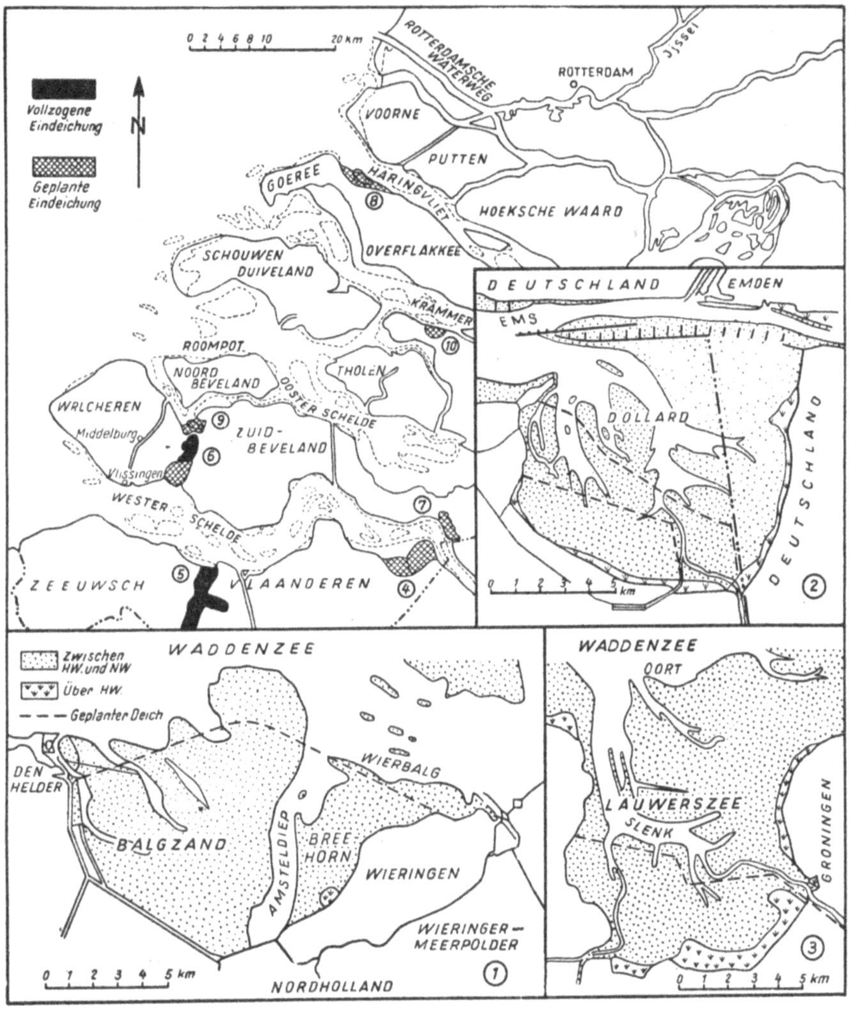

Abb. 6a u. b—d. Übersichts- und Teilkarten zur gegenwärtigen und künftigen Landgewinnung (nach BRUGGEMAN)

bänken, zu einem anderen Teil der Sinkstofführung der Flüsse und scheint schließlich ständig unter dem Einfluß pflanzlicher und tierischer Prozesse gebildet zu werden. Sicher nachgewiesen ist, daß bei der Umbildung feinster, schwebender Teilchen in größere und sinkbare Formen Diatomeen sowie Weich- und Schalentiere eine bedeutende Rolle spielen, und zwar erstere durch das Aneinanderkitten winziger Teilchen, letztere durch deren Aufnahme, Verdauung und Wiederausscheiden in kompakteren Einheiten.

Was den Absatz des Schlicks anbelangt, so gerät nur ein kleiner Teil bis in die Grüppen, ein anderer bleibt vor den Lahnungen liegen. Der überwiegende Teil fällt jedoch nicht aus und wird bei Ebbe wieder fortgeführt. Die etwas gröberen, schon außerhalb der Begrüppelungsfelder abgesetzten Anteile werden bei unruhigem Wetter wieder aufgewirbelt und kommen dann mit der Flut in die Lahnungen, wo sie zum Teil liegenbleiben, so daß überraschenderweise die witterungsmäßig bewegteren Herbstmonate einen relativ hohen Schlickfall aufweisen. Für das Festlegen des Schlicks ist eine gute Entwässerung Vorbedingung, da während des Auftrocknens kapillare Kräfte diesen Vorgang wirksam unterstützen.

Die unter Berücksichtigung aller aufgeführten Erkenntnisse in der Gegenwart betriebenen und in naher Zukunft vorgesehenen Eindeichungen zeigen die Karten der Abb. 6. Es handelt sich um zusammen 10 Eindeichungen, wovon 3 im nördlichen Küstengebiet der Waddenzee und des Dollart, und zwar in den Provinzen Nordholland (Balgzand / Breehorn), Friesland und Groningen (Lauwerszee und Dollart) und 7 in den Mündungsarmen von Maas und Schelde liegen. Von diesen entfällt nur eine auf die Provinz Südholland (Scheelhoek-Plate), alle übrigen 6 Bedeichungen dagegen auf die Provinz Zeeland; 4 davon liegen an den Ufern der Wester-Schelde (Ertrunkenes Saaftinger Land, Brakman, Süd-Sloe, Süd-Kreekrak), eine im Gebiet des Veeregat und Zandkreek (Nord-Sloe) und eine etwa zur Hälfte nach Nordbrabant übergreifende Bedeichung am Südufer des Krammer (Schlickgebiet von Heene). Die Tabelle 2 gibt dazu zusammenfassend die wichtigsten Daten, wobei die Reihenfolge der Gebiete mit der Numerierung in den Übersichtskarten der Abb. 6 übereinstimmt.

Insgesamt handelt es sich um über 20000 ha Neuland, was etwa der Größe des Wieringermeerpolders entspricht. Mit einigen kleineren Eindeichungen einschließlich dürften in naher Zukunft 30000 ha in Angriff genommen werden. Die Kosten stellen sich dabei im Durchschnitt für die Umwandlung von 1 ha deichreifem in bebautes Land auf 10000 Gulden, weil die Bedeichungszahl im allgemeinen natürlich nicht so außerordentlich niedrig liegt wie bei den Ijsselmeerpoldern, wie ein Vergleich der Tabellen 1 und 2 sogleich zeigt. Der Schätzungswert des so gewonnenen Landes liegt aber nur bei durchschnittlich 4000 Gulden, eine Tatsache, die bei Eindeichungen immer zu verzeichnen ist und die man vom höheren Standpunkt des Gemeinwesens eines Staates aus in Kauf nimmt, solange das Verhältnis der nötigen Deichlänge zu dem gewonnenen Gebiet in ökonomischen Grenzen bleibt, was im allgemeinen für Bedeichungszahlen bis 10 der Fall ist.

Zusammenfassend darf man sagen, daß die Neulandgewinnung trotz der hohen Kosten und zahlreicher Schwierigkeiten wirtschaftlicher und technischer Natur gerechtfertigt ist und für die schnell an Bevölkerung zunehmenden und bereits sehr dicht besiedelten Niederlande geradezu eine nationale Aufgabe darstellt. Wenn man sich vergegenwärtigt, daß in Holland um 1830

Tabelle 2. Gegenwärtige und künftige Landgewinnung außerhalb des Ijsselmeers

Nr.	Gebiet	Geographische Lage		Wasserstände (N.A.P.)			Mittlerer Tidenhub	Oberfläche in ha	Voraussichtl. Deichlänge in km	Bedeichungszahl	Kurze Angaben über die gegenwärtigen Verhältnisse
		zum Land	zum Wasser	H.H.W.	M.H.W.	M.N.W.				m/ha	
1.	Balgzand und Breehorn	Nordholland	Waddenzee (Amsteldiep)	2,95	0,6	– 1,0	1,6	8000	16	2,0	Geringe Höhe, sandiger Boden
2.	Dollart (SW-Teil)	Groningen	Ems	5,41	1,3	– 1,7	3,0	a) 3300 b) 1500	12 9	3,7 6,0	überwiegend Kleiboden, Begrüppelung
3.	Lauwerszee (Südteil)	Friesland/ Groningen	Waddenzee	4,20	1,0	– 1,4	2,4	2800	11	4,0	Schlickflächen und Sandplatten, Begrüppelung
4.	Verdronken Land van Saaftinge	Seeländisch-Flandern	Südufer der Wester-Schelde	4,83	2,4	– 2,2	4,6	a) 2300 b) 1800	10 11	4,5 6,0	gute Höhenlage, zum größeren Teil begrünt
5.	Brakman	Seeländisch-Flandern	Südufer der Wester-Schelde	4,27	2,1	– 2,0	4,1	1500	$2^1/_3$	1,8	1952 Dammschluß, eingeschlossen $^1/_3$ Sandfläche
6.	Zuider Sloe 1. Eindeichung 2. Eindeichung	Süd-Beveland/ Walcheren	Nordufer der Wester-Schelde	4,10	1,9	– 1,8	3,7	450 750	$1^3/_4$ $3^1/_2$	3,9 4,8	1949 bedeicht ziemlich hohe Lage, Landgewinnungsarbeiten
7.	Zuider-Kreekrak	Nord-Brabant/ Süd-Beveland	Ostküste der Wester-Schelde	4,83	2,4	– 2.2	4,6	750	$4^1/_2$	6,0	teilweise hohe Lage, zum Teil begrünt
8.	Plaat van Scheelhoek	Goeree/Overflakkee	Westufer des Haringvliet	3,46	1,0	– 0,8	1,8	750	$7^1/_2$	10,3	Ostseite der Insel guter Boden, Hafen Stellendam würde eingehen
9.	Noorder Sloe	Süd-Beveland/ Walcheren	Veeregat/ Zandkreek	3,82	1,5	– 1,5	3,0	600	$3^1/_2$	5,7	Schlick und begrüntes Gebiet
10.	Slikken van de Heene	Nord-Brabant	Südufer des Krammer	3,82	1,5	– 1,3	2,8	250	4	16,0	Überwiegend begrüntes Gebiet

Bem.: Die auf N. A. P. bezogenen Wasserstände beziehen sich auf den nächstgelegenen Pegel; H. H. W. = Höchster bekannter Wasserstand, M. H. W. bzw. M. N. W. = Mittleres Hoch- bzw. Niedrigwasser

noch 900000 ha Ödland, 1950 aber nur noch 210000 ha vorhanden waren, so wird man auch dem großen Plan, der für die nächsten hundert Jahre insgesamt 120000 ha Eindeichungen an den Unterläufen der Tideflüsse, den seeländischen Strömen und der Waddenzee vorsieht, weniger skeptisch gegenüberstehen.

Literatur

ANON: Twintig jaar bodemkundig onderzoek (1916–1936). – Bodemkundig Instituut Groningen 1936.
– De afsluiting en gedeeltelijke droogmaking van de Zuiderzee. – Uitgegeven met medewerking van het Dept. van Waterstaat en de Directie der Zuiderzeewerken. – Reihe seit 1929.
– Driemaandelijke Berichten der Zuiderzeewerken. – Uitgegeven door het Ministerie van de Waterstaat. – Reihe seit 1920.
– De afsluiting en drooglegging der Zuiderzee. – Uitgegeven door de Zuiderzee-Vereeniging, Leiden 1904–16.
– Die Niederlande, Essen 1953.
BEEKMAN, A. A.: Wat de afsluiting en droogmaking der Zuiderzee eigenlijk beteekent – Tijdschrift Kon. Nederlandsche Aard. Gen., Amsterdam 1911.
BRUGGEMAN, A. G.: Nieuw land. Overzicht van onze landaanwinning. – 's Gravenhage 1951.
BRUYN, H. E. de: Invloed van de afsluiting van de Zuiderzee op de vloedhogte buiten den afsluitdijk. – De Ingenieur, 's Gravenhage 1911.
DIEPERING, J.: Het planologisch aspect van de landaanwinning. – De Ingenieur, 's-Gravenhage 1949.
EERDE, L. A. Ae. v.: De herkomst van het Waddensediment. – De Ingenieur, 's Gravenhage 1949.
FEEKES, W.: De pioniervegetatie van de eerste groote Zuiderzeedrooglegging „De Wieringermeerpolder". – Naturwetensch. Tijdschrift XVIII, 1936.
– De ontwikkeling van de natuurlijke vegetatie in de Wieringermeerpolder, de eerste groote droogmakerij van de Zuiderzee. – Amsterdam 1936.
HISSINK, D. J.: Die Melioration der Salztonböden und der Alkalitonböden. – Verhandlungen der VI. Kommission der Internationalen Bodenkundlichen Gesellschaft, Groningen 1933.
– De bodemkundige gesteldheid van de achtereenvolgens ingedijkte Dollardpolders. – 's Gravenhage 1935.
KAMPS, L. F.: Factoren, welke de landaanwas bevorderen. – De Ingenieur, 's Gravenhage 1949.
KOOPER, W.: Huidige stand van de landaanwinningswerken aan de Groninger Noordkust. – De Ingenieur, 's Gravenhage 1949.
KOPPEJAN, A. W. G.: Wat mag grond kosten? – Maandbld. Landb. voorl. 1948.
KUFFELER, V. J. P. de & BLOCQ van: De ontwikkelingsgang bij de Zuiderzeewerken. – 's Gravenhage 1950.
LELY, C. W.: Verhoging van de stormvloedstanden op de Friesche Kust, tengevolge van de afsluiting der Zuiderzee. – Zuiderzeevereeniging, Leiden 1918.
LELY, C. W.: De invloed van de Zuiderzee op stormvloedstanden langs de Friesche kust. – Diss. 's Gravenhage 1921.
MASCHHAUPT, J. G.: Verslag van een onderzoek naar de gesteldheid van den bodem in Dollard met het oog op inpoldering. – Nieuwe Reeks, Tweede Stuk, 1923.
MESU. F. P.: Cultuurtechnische werken nu en in de toekomst. – Referat Landbouwhogeschool te Wageningen 1950.
MOLEN, W. H. v. d. & W. H. SIEBEN: Over de landbouwkundige betekenis en de kartering van de kwel in de Noordoostpolder. – Van Zee tot Land, Nr. 12, Zwolle 1955.
REHBOCK, TH.: Wasserbauliche Modellversuche zur Klärung der Abflußerscheinungen beim Abschluß der Zuidersee. – Berlin 1931.
REINHOLD, TH.: Over het mechanisme der sedimentatie op de Wadden. – Nieuwe Serie Mededeelingen van de Geologische Stichting, No. 3, 1948 bis 1949.
RINSUM, A. v.: Der Abschluß und die teilweise Trockenlegung der Zuidersee – Die Bautechnik 1932 und 1934.
SAGER, G.: Kampf der Holländer gegen das Wasser. – Norddeutsche Neueste Nachrichten, 8. 2. 1958.
SCHILTHUIS, J. G.: De landaanwinning in de Dollart. – De Ingenieur, 's Gravenhage 1946.
SCHMIDT, R.: Die Abschließung der Zuidersee. – Sammlung Meereskunde, Heft 14/15, Berlin.
STEENHUIS, J. F.: De geologie van de Zuiderzee. – Nederlandsche Dierkundige Vereeniging 1922.
– Lijst van geschriften welke handelen over of van belang zijn voor de geologie van Nederland 1936–1944 – 's Gravenhage 1947.
THIERRY, G. de: Einwirkung der Abschließung der Zuidersee auf die Gezeiten – Zeitschrift des Vereins deutscher Ingenieure, Berlin 1933.
THIJSSE, J. TH.: De verwachtingen omtrent de waterbeweging bij de afsluiting van de Zuiderzee op grond van het verslag van de Staatscommissie Lorentz en van de verrichte modelproeven. – De Ingenieur, 's Gravenhage 1927.
– L'influence de la fermeture du Zuiderzée sur le régime des marées le long des côtes Néerlandaises. – Bulletin Assoc. Perm. Congrès Navigat., Brüssel 1933.
– De afsluiting van de Zuiderzee. De waterbeweging. – De Ingenieur, 's Gravenhage 1933.
TINBERGEN, J.: Berekeningen over de „sociale waarde" van de grond. – Maandschrift C. B. S. 1943.
VEEN, J. v.: Dredge, Drain, Reclaim. – 's Gravenhage 1950.
VELDMAN, G.: Over de landbouwkundige eisen, welke aan in te polderen gronden gesteld moeten worden. – De Ingenieur, 's Gravenhage 1949.
VERHOEVEN, A. G.: Wijze van bevordering van de landaanwinning. – De Ingenieur, 's Gravenhage 1938.
VRIES, J. J. de: Getijwaarnemingen voor het hydrographisch opnemen ten behoeve van de werker voor de afsluiting van de Zuiderzee. – Marineblad, Den Helder 1924.
– De gewijzigde getijbeweging in open Zuiderzee en Waddenzee. – De Zee, Den Helder 1932.
WATERSCHOUT, P. J.: De waarde van land in overheidsbegrotingen. – Landb. Tijdschr. 1943.
ZUUR, A. J.: Over de ontzilting van den bodem in de Wieringermeer. – 1938.

Berufsbild des Geologie-Ingenieurs

1. Berufsbild

Der Aufbau des Sozialismus in unserer Republik verlangt die tatkräftige Mitarbeit eines jeden Bürgers unseres Staates. Den in den verschiedensten Zweigen der Volkswirtschaft tätigen Geologen fällt dabei die Aufgabe zu, durch systematische Grundlagenforschung Lagerstätten mineralischer Rohstoffe und des Grundwassers zu erkunden und der volkswirtschaftlichen Nutzung zuzuführen. Bei der Errichtung von Bauwerken, dem Bau von Straßen, Kanälen usw., beim Küstenschutz u. a. m. haben sie die Voraussetzungen für eine erfolgreiche Durchführung der geplanten Arbeiten zu schaffen. Im Rahmen dieser Tätigkeit übernimmt der Geologie-Ingenieur ganz bestimmte Aufgaben.

Nach Abschluß seines Studiums ist er als Jung-Ingenieur während seiner Assistentenzeit mit den Aufgaben seines künftigen Arbeitsgebietes vertraut zu machen. Er hat die ihm von unserem Arbeiter-und-Bauern-Staat während seiner Ausbildung gewährten Vergünstigungen in der weiteren Tätigkeit nutzbringend für die Gesellschaft anzuwenden. Das wird er nur dann können, wenn er von der Richtigkeit des in unserer Republik beschrittenen Weges und dem Sieg des Sozialismus überzeugt ist, wenn er es versteht, politisch und gesellschaftlich klar zu handeln und auf breitester Basis jederzeit inner- und außerberuflich die notwendige Aufklärungsarbeit zu leisten.

Das Arbeitsgebiet des Geologie-Ingenieurs wird durch seinen Einsatz bei der Staatlichen Geologischen Kommission mit den ihr unterstellten Dienststellen, Betrieben und Instituten, in den geologischen Abteilungen der verschiedenen Bergbau- und Industriezweige, in der Wasserwirtschaft sowie beim Hafen-, Fluß- bzw. Kanalbau bestimmt.

Der Geologie-Ingenieur wird vorzugsweise auf den Gebieten der Montangeologie bei der Durchführung geologischer Erkundungsarbeiten und betriebsgeologischer Arbeiten eingesetzt. Seine Tätigkeit erstreckt sich auf praktisch-angewandte Aufgaben seines Faches; sie ist also überwiegend technisch-ingenieurmäßig.

Er ist verantwortlich für:
die ordnungsgemäße Durchführung aller ihm übertragenen geologischen Arbeiten im Gelände bzw. unter Tage, insbesondere für
eine einwandfreie, zuverlässige und umfassende Dokumentation der geologischen Aufschlüsse.

Zur ordnungsgemäßen Durchführung der geforderten Arbeiten können dem Geologie-Ingenieur geologische Hilfskräfte (Kollektoren, Geologie-Techniker u. a.) beigegeben werden. Diese hat er zweckmäßig einzusetzen und bei ihrer Arbeit anzuleiten. Auf Grund seines Aufgabenbereiches muß er die Fähigkeit besitzen, mit dem ingenieurtechnischen Personal der Bergbau- und Bohrbetriebe, mit Verwaltungsstellen sowie sonstigen Betrieben und Dienststellen zu verhandeln und die Interessen der Geologie zu vertreten. Von ihm wird verlangt, daß er ein hohes Maß an Verantwortungsbewußtsein, steter Einsatzbereitschaft sowie Eigeninitiative aufweist.

In jedem Falle werden von dem Geologie-Ingenieur einwandfreie fachliche Kenntnisse und Fähigkeiten erwartet. Die Ergebnisse seiner Beobachtungen und Aufzeichnungen dienen der volkswirtschaftlichen Planung, dem Bergbau, der Verarbeitungstechnik oder auch der wissenschaftlichen Auswertung.

Dem Geologie-Ingenieur ist in jedem Fall die Möglichkeit seiner fachlichen Weiterbildung zu gewährleisten. Dazu gehört u. a. auch,
a) an Geologenbesprechungen und Fachtagungen im Bereich seiner Dienststelle aktiv teilzunehmen,
b) öffentlichen Vorträgen an den Hochschulinstituten beizuwohnen,
c) wissenschaftliche Beiträge aus seinem Arbeitsgebiet zu veröffentlichen.

Bei mehrjähriger hervorragender Bewährung in der Praxis hat er das Recht, sich um die Zulassung zum Hochschulstudium zu bewerben.

Der Geologie-Ingenieur wird nach dem Leistungsprinzip, entsprechend den geltenden Gesetzen und Bestimmungen, entlohnt.

2. Voraussetzungen des Bewerbers zum Studium

1. Jeder Bewerber wird durch die Staatliche Geologische Kommission, einen Bergbaubetrieb oder die SDAG Wismut an die Fachschule delegiert. Diese Delegierung ist eine Anerkennung für die erfolgreich durchlaufene praktische Vorbereitungszeit. Die Möglichkeit des Studiums ist ferner eine Auszeichnung durch unsere Gesellschaft und umschließt die Verpflichtung, durch intensive Arbeit alle während des Studiums gebotenen fachlichen Möglichkeiten auszuschöpfen, um die erworbenen Kenntnisse und Fähigkeiten nach Abschluß des Studiums dem Aufbau des Sozialismus zur Verfügung zu stellen.

2. Der Bewerber hat folgende Bedingungen zu erfüllen:
a) Das 18. Lebensjahr muß vollendet und das 30. Lebensjahr darf in der Regel nicht überschritten sein.
b) Als schulischer Abschluß ist die Mittlere Reife (Zehnklassenschule) notwendig.
c) Eine mindestens zweijährige praktische Tätigkeit in den Dienststellen, Betrieben und Instituten der Staatlichen Geologischen Kommission bzw. in einer Geologischen Abteilung eines Bergbaubetriebes auf montangeologischem Gebiet ist nachzuweisen.
d) Neigung zum Beruf, Naturverbundenheit und volle körperliche Einsatzfähigkeit werden für unbedingt erforderlich gehalten.
e) Aktive gesellschaftliche Mitarbeit beim Aufbau unseres Arbeiter-und-Bauern-Staates ist Grundvoraussetzung.
f) Durch den Besuch von Kollektorenschulungen bzw. Kursen der Betriebs- oder Volkshochschule hat sich der Bewerber auf das Studium vorzubereiten.

3. Die Zulassung zum Studium ist vom Bestehen einer Aufnahmeprüfung abhängig.

4. Im übrigen gelten die allgemeinen Zulassungsbedingungen.

3. Ausbildungsziel der Geologie-Ingenieure

Unter den verschiedenartigen Berufszweigen ist der Ingenieurberuf derjenige, der vorwiegend technischen und praktischen Belangen Rechnung trägt. Dies gilt gleichermaßen für den Geologie-Ingenieur, der ein wissenschaftlich gebildeter Techniker ist. Die unbedingte Hinwendung zur Praxis schließt zugleich das bewußt betonte Eintreten für den Sozialismus und die tatkräftige Mithilfe an seinem Aufbau ein.

Die wissenschaftlich-fachliche Ausbildung für den Beruf des Geologie-Ingenieurs wird in einem dreijährigen Studium an der Bergingenieurschule „Georgius Agricola" in Zwickau erworben.

Das Ziel der Ausbildung ist der sozialistische Geologie-Ingenieur, d. h. ein Mensch, der neben einer ausgezeichneten fachlichen Ausbildung in seinem Bewußtsein so weit entwickelt sein muß, daß er vom Sieg des Sozialismus überzeugt ist und deshalb die zur Erreichung dieses Zieles notwendigen Aufgaben zu seiner eigenen Sache macht. Dabei ist es seine Pflicht, für die Sache des Sozialismus offen Partei zu ergreifen. Sein gesamtes Verhalten muß von den Grundsätzen der sozialistischen Moral bestimmt werden; er muß also stets Vorbild sein. In der Ausbildung des Geologie-Ingenieurs ist daher neben der Vermittlung der fachlichen Kenntnisse das Schwergewicht auf die Entwicklung entsprechender Fähigkeiten zu legen.

Der Geologie-Ingenieur muß den praktischen Anforderungen der geologischen Erkundung und der Betriebsgeologie gerecht werden.

Der Geologie-Ingenieur muß nach Abschluß seiner Ausbildung in der Lage sein,
a) alle Aufschlüsse unter und über Tage sowie durch Bohrungen ordnungsgemäß zu beschreiben und zeichnerisch darzustellen,
b) alle vorbereitenden und operativen Arbeiten bei der geologischen Erkundung sowie ingenieurgeologische und hydrogeologische Untersuchungen und Begutachtungen vorzunehmen,
c) alle notwendigen Vor- und Hilfsarbeiten für die Vorratsberechnung zu leisten,
d) einfache Vermessungsarbeiten durchzuführen.

Es werden besondere Kenntnisse über die wichtigsten Gesetze und Verordnungen, insbesondere über den Arbeitsschutz und die bergbaulichen Sicherheitsvorschriften verlangt. Der Geologie-Ingenieur muß Kenntnisse in der Bergbaukunde und Bohrtechnik aufweisen. Er ist mit den Problemen der Betriebsökonomie auf dem Gebiete der geologischen Planung und Erkundung vertraut zu machen. Er muß neben fachwissenschaftlichen Kenntnissen auch über ein solides Wissen in den allgemeinbildenden Fächern sowie den Gesellschaftswissenschaften verfügen.

Neben den fachlichen Fertigkeiten muß in dem Geologie-Ingenieur Liebe und Treue zum Beruf, Verbundenheit zur Natur, Einsatzbereitschaft und Streben nach höherem Wissen vertieft werden.

Zum Berufsbild für Geologie-Ingenieure

KARL SCHELLMOSER, Berlin

Am 16. Oktober 1959 wurde durch das Staatssekretariat für das Hoch- und Fachschulwesen der Deutschen Demokratischen Republik das Berufsbild für Geologie-Ingenieure bestätigt. Damit wird allen bergbautreibenden Betrieben und geologischen Dienststellen unserer Republik ein Dokument in die Hand gegeben, das ihnen ermöglicht, die Geologie-Ingenieure entsprechend ihrer Ausbildung einzusetzen. Andererseits bildet das Berufsbild die Grundlage für die Ausbildung der Geologie-Ingenieure an der Bergingenieurschule „Georgius Agricola" in Zwickau. Nicht zuletzt wird dem Geologie-Ingenieur eine Unterlage in die Hand gegeben, mit der er seinen Einsatz in der Praxis überprüfen kann.

Mit der Bestätigung des Berufsbildes fand eine Periode ihren Abschluß, die durch fehlende Erfahrungen in der Ausbildung und dem Einsatz der Geologie-Ingenieure gekennzeichnet war. Es mag dem einen oder anderen unverständlich erscheinen, daß, nachdem bereits seit 1953 Geologie-Ingenieure ausgebildet werden, erst jetzt ein Berufsbild erarbeitet wurde. Bekannt dürfte sein, daß vor 1945 in Deutschland keine mittleren Kader auf dem Gebiet der Geologie ausgebildet wurden, wie es z. B. in der Sowjetunion der Fall ist. Der Einsatz derartiger Fachkräfte erwies sich als notwendig, seit die gesamte geologische Erkundung in den Dienst der Volkswirtschaft gestellt und somit die Geologie faktisch ein Industriezweig wurde. Es fehlten zur Bewältigung der montangeologischen Arbeiten Mitarbeiter, die die Verbindung zwischen Bergbau und Bohrtechnik sowie Geophysik einerseits und den Geologen andererseits herstellten — die Geologie-Ingenieure. R. HOHL (1959) schreibt über den Geologie-Ingenieur:

„Ein I n g e n i e u r ist nach dem Sprachgebrauch ein wissenschaftlich gebildeter T e c h n i k e r, ein G e o l o g e aber ein N a t u r w i s s e n s c h a f t l e r, der freilich auch gewisse technische und ökonomische Kenntnisse braucht, um seine Aufgaben in der Volkswirtschaft der Gegenwart erfüllen zu können. Das ändert aber nichts an der Tatsache, daß ein Diplom-Geologe nicht in erster Linie Techniker ist, im Gegensatz zum Bergingenieur oder Bohringenieur und ebenso im Gegensatz zum Geologie-Ingenieur, den ich als Techniker mit speziell geologischen, aber auch ökonomischen Kenntnissen definieren möchte. Demzufolge sollte ein Geologie-Ingenieur dem Diplom-Geologen in seiner technischen Fertigkeit und seinem technischen Wissen überlegen sein."

Es mußten also Fachkräfte ausgebildet werden, die die genannten Anforderungen erfüllten. Erfahrungen, auf denen man hätte aufbauen können, gab es nicht. So wurden von einer Reihe Fachkollegen ein Lehrplan und das Ausbildungsziel erarbeitet, nach denen im Jahre 1953 mit der Ausbildung von Geologie-Ingenieuren begonnen wurde. Mit der Zeit wurden Erfahrungen gesammelt; die Ausbildung verbesserte sich ferner durch die Verlegung der Fachschule von Freiberg nach Zwickau. Während jedoch die Anforderungen an die Geologie-Ingenieure auf der einen Seite stiegen, hielten auf der anderen Seite Umfang und Art der Ausbildung mit den Erfordernissen der Praxis nicht immer Schritt. Das lag teils an den fehlenden Lehrkräften, teils auch an dem nicht vorhandenen Berufsbild. Das Fehlen des Berufsbildes mußte sich schließlich beim Einsatz der Geologie-Ingenieure ebenfalls negativ auswirken. Geologie-Ingenieuren wurden auf der einen Seite Arbeiten von Kollektoren übertragen, andererseits wurden sie mit Arbeiten betraut, die in den Aufgabenbereich des Diplom-Geologen fallen. Aus dieser Erkenntnis heraus wurde in Auswertung der I. Ökonomischen Konferenz der Staatlichen Geologischen Kommission der Deutschen Demokratischen Republik am 24. November 1958 eine Kommission gebildet, der Vertreter des Staatssekretariats für das Hoch- und Fachschulwesen, der Staatlichen Geologischen Kommission sowie der Bergingenieurschule „Georgius Agricola" in Zwickau angehören. Diese Kommission erarbeitete nach eingehender Diskussion mit den verschiedensten Fachkollegen — wie Prof. PIETZSCH, Prof. KAUTZSCH und anderen — das bestätigte Berufsbild. Um aber auch die Forderungen der Industrie zu berücksichtigen, wurde der Entwurf des Berufsbildes der Staatlichen Plankommission, den Vereinigungen Volkseigener Betriebe der Grundstoffindustrie, der SDAG Wismut sowie verschiedenen Instituten der Bergakademie Freiberg zur Stellungnahme unterbreitet. Dabei zeigte sich, daß die Vorstellungen der genannten Institutionen über die Tätigkeit und den Einsatz der Geologie-Ingenieure mit denen der Kommission im wesentlichen übereinstimmten. Des weiteren wurde die Initiative der Staatlichen Geologischen Kommission begrüßt, ein derartiges Berufsbild zu schaffen. Mit der Bestätigung desselben fand die erste Etappe der Arbeit der Kommission ihren Abschluß.

Die zweite Etappe bestand in der Umarbeitung des Lehrplanes unter Berücksichtigung der Forderungen des Berufsbildes. Die Bemerkungen, die von R. HOHL, K. PIETZSCH und J. POMPER in dieser Zeitschrift zur Ausbildung der Geologie-Ingenieure gemacht wurden, sind dabei beachtet worden. Zu Beginn des neuen Studienjahres sind der Direktion der Bergingenieurschule die Vorschläge der obengenannten Kommission, die aus den Unterlagen und Beiträgen zahlreicher Fachkollegen zusammengestellt wurden, überreicht worden. Diese berücksichtigen den gegenwärtigen Stand der geologischen Erkundungsarbeit. Von den Dozenten der Abteilung Geologie der Bergingenieurschule „Georgius Agricola" wurden in anerkennenswerter Weise an Hand der unterbreiteten Vorschläge die Lehrpläne fast aller Fächer überarbeitet und neu abgefaßt. In einer Sitzung der mehrfach genannten Kommission am 22. Dezember 1959 wurden unter Teilnahme von Vertretern der Industrie die neuen Lehrpläne diskutiert und gebilligt. Sie werden somit bereits im Studienjahr 1959/60 im Unterricht Berücksichtigung finden. Aus der fortschreitenden Entwicklung ergibt sich jedoch auch die Aufgabe, von Zeit zu Zeit zu überprüfen, inwieweit der Lehrplan dem jeweiligen wissenschaftlichen Stand der geologischen Erkundung entspricht. Beim Studium des Berufsbildes könnte bei dem einen oder anderen der Eindruck entstehen, daß die Aufgaben und Forderungen nicht detailliert genug dargestellt wurden. Das Tätigkeitsgebiet des Geologie-Ingenieurs ist jedoch so umfassend — es reicht von seinem Einsatz im Bergbau, bei der Staatlichen Geologischen Kommission bis zur Wasserwirtschaft und Bauindustrie —, daß es den Rahmen eines Berufsbildes überschreiten würde, die Tätigkeitsmerkmale für jeden Industriezweig gesondert anzuführen. Auch erscheint es nicht zweckmäßig anzugeben, ob z. B. ein Pumpversuch von einem Geologie-Ingenieur oder Kollektor zu überwachen ist. Das Entscheidende dabei ist, daß ersterem bekannt ist, wie ein Pumpversuch durchgeführt wird. Es ist wichtig, daß der Geologie-Ingenieur erkennt, daß die Ergebnisse seiner Arbeiten der Volkswirtschaft mittelbar oder auch unmittelbar dienen.

Aus dem Berufsbild und besonders dem Absatz über die Aufgaben des Geologie-Ingenieurs geht eindeutig dessen Arbeitsbereich hervor. Damit dürfte auch die Arbeitsteilung zwischen Diplom-Geologen und Geologie-Ingenieuren gegeben sein.

Das nunmehr vorliegende Berufsbild grenzt im wesentlichen die Tätigkeitsmerkmale des Diplom-Geologen von denen des Geologie-Ingenieurs ab. Es wird somit klargestellt, daß beide gleichberechtigt nebeneinander, jeder auf seinem Gebiet, zu arbeiten haben. Es wird an dem Geologie-Ingenieur liegen, ob er die ihm zugedachten Aufgaben zum Nutzen der Volkswirtschaft und der Wissenschaft erfüllt. Die bisherige Entwicklung hat gezeigt, daß dort, wo die Geologie-Ingenieure sinnvoll eingesetzt wurden, die Mehrzahl von ihnen die an sie gestellten Anforderungen erfüllten.

Das bestätigte Berufsbild entspricht zugleich den Vorstellungen des Staatssekretariats für das Hoch- und Fachschulwesen, wonach es drei Forderungen zu genügen hat. Es soll Leitbild sein: 1. für die Berufswahl, 2. für die Erziehung und Ausbildung an der Schule und 3. für die Absolventenvermittlung und den Einsatz in der Volkswirtschaft.

Wenn auch das vorliegende Berufsbild den vorstehenden drei Punkten noch nicht umfassend Rechnung trägt, so ist es doch bereits ein wesentliches Hilfsmittel für unsere jungen Menschen, die sich für die Geologie entscheiden wollen. Von seiten unserer Dienststellen und in Veröffentlichungen wurde darüber geklagt, daß es eine Reihe junger Kollegen gibt, die nicht die richtige innere Bindung zur Geologie besitzen. J. POMPER (1957) geht sogar so weit, „Auch-Geologen" und „Geologen aus wirklich innerer Neigung" zu unterscheiden, und bemerkt, daß diese Differenzierung besonders bei den Fachschulgeologen zu beobachten ist. Ist eine Ursache dafür nicht auch im bisherigen Fehlen eines Berufsbildes zu suchen? Was hat denn der Geologie-Ingenieur davon gewußt, welche Aufgaben er in der Praxis zu erfüllen hat? Sehr wenig, weil eben ein Berufsbild fehlte, das ihm Leitbild sein sollte. Es erhebt sich in diesem Zusammenhang die Frage, wie es damit bei den Diplom-Geologen aussieht. Ist das vorhandene Berufsbild allen bekannt, und erfüllt es noch die gegenwärtigen Anforderungen, die an unsere Diplom-Geologen gestellt werden?

Wenn das Berufsbild Leitbild für die Berufswahl sein soll, so muß es dem jungen Menschen in kurzer Form eine erste Antwort auf die Frage: „Welchen Beruf ergreife ich?", geben. „Sagt er mir zu? Was erwartet mich? Welche Anforderungen werden an mich gestellt?" Diese Fragen drängen sich ihm auf. Im Berufsbild für Geologie-Ingenieure wurde der Versuch gemacht, die Antwort zu geben. Er scheint geglückt. In dem Abschnitt „Berufsbild" werden dargelegt: a) die Einsatzmöglichkeiten, b) die Anforderungen und c) die Rechte des Geologie-Ingenieurs.

Damit der junge Mensch aber auch weiß, auf welchem Wege er zum Ingenieur-Studium gelangen kann, ist der Abschnitt „Voraussetzungen des Bewerbers zum Studium" beigefügt. Aus ihm geht hervor, was von dem zukünftigen Studierenden verlangt wird, welche Forderungen vor Beginn des Studiums an ihn gestellt werden.

Mit dem Leitbild für die Berufswahl allein ist jedoch noch kein Geologie-Ingenieur auszubilden. Die Fachschule, an der der Studierende das nötige theoretische Wissen erwerben soll, muß wissen, was von dem Absolventen verlangt wird. Das soll durch den Abschnitt „Ausbildungsziel für Geologie-Ingenieure" erreicht werden. Hier wurden die Forderungen der Praxis an den Geologie-Ingenieur festgelegt. Sie ergeben das „Leitbild für die Erziehung und Ausbildung an der Schule". Damit kann aber die Schule noch keinen Lehrplan aufbauen. Das muß in enger Zusammenarbeit mit der Praxis geschehen. Die Tätigkeit der mehrfach erwähnten Kommission ist ein Weg dazu. Der andere ist die ständige und enge Verbindung der Schule mit der geologischen Praxis. Den Dozenten wird empfohlen, sich mit den neuesten Erkenntnissen auf dem Gebiet der geologischen Erkundung vertraut zu machen und den Lehrplan darauf abzustimmen. Daher ist auch der Lehrplan in seinem Inhalt nicht als ein fachliches Dogma anzusehen, sondern er wird sich ständig verändern. Deshalb ist der Vorschlag der Dozenten der Abteilung Geologie an der Bergingenieurschule „Georgius Agricola" zu begrüßen, die Kommission zu erweitern, indem Vertreter der Grundstoffindustrie hinzugezogen werden. Diese Kommission sollte halbjährlich bzw. jährlich beraten, inwieweit die Ausbildung an der Schule zu verbessern ist. Auf der Sitzung am 22. Dezember 1959 wurde dem Vorschlag Rechnung getragen und vom Staatssekretariat für das Hoch- und Fachschulwesen ein Kollektiv von Vertretern der Braunkohlenindustrie, des Erzbergbaues, der Staatlichen Geologischen Kommission und der Abteilung Geologie der Bergingenieurschule „Georgius Agricola" berufen, das der Schule als Konsultant bei der Ausbildung der Geologie-Ingenieure helfen soll.

Alle drei genannten Abschnitte zusammen ergeben das „Leitbild für die Absolventenvermittlung und den Einsatz in der Volkswirtschaft". Bei entsprechender, verantwortungsbewußter Arbeit der Kaderabteilungen auf der Grundlage des Berufsbildes wird es möglich sein, alle Geologie-Ingenieure entsprechend ihrer Ausbildung und ihren Fähigkeiten einzusetzen. Auch hier bestimmt dann das Grundprinzip in der Kaderarbeit unseres Staates: „Jeden nach seinen Fähigkeiten einzusetzen und jeden nach seinen Leistungen zu entlohnen", die Perspektive des Geologie-Ingenieurs.

Literatur

HOHL, R.: Zur Frage der Nachwuchsausbildung. — Z. angew. Geol. 3, 1957, S. 108–112.
— Zur Ausbildung der Geologie-Ingenieure. — Z. angew. Geol. 5, 1959, S. 84–86.
PIETZSCH, K.: Zur Frage der Geologenausbildung. — Z. angew. Geol. 2, 1956, S. 529–531.
POMPER, J.: Beitrag zur Frage der Geologenausbildung. — Z. angew. Geol. 3, 1957, S. 253/254.

Neue Ergebnisse über den geologischen Bau und die Erdöl- und Erdgashöffigkeit im Westteil Zentralasiens [1]

G. CH. DICKENSTEIN, Moskau

Grundzüge des geologischen Baues

Bis in die jüngste Zeit war der geologische Bau des westlichen Zentralasiens sehr wenig untersucht. Geologische Sucharbeiten, geophysikalische Untersuchungen und Erkundungsarbeiten brachten neue Ergebnisse, auf Grund derer die Hauptzüge des geologischen Baues festzustellen sind.

Das Gebiet ist nicht einheitlich gebaut. Seine wesentlichen Strukturelemente sind die epivariszische Karakum-Tafel, die eine Riesenfläche in der Turkmenischen SSR, im Westteil der Usbekischen SSR und in den angrenzenden Bezirken der Kasachischen SSR einnimmt, ferner die Westturkmenische Senke, eine kompliziert gebaute Einsenkung des Grundgebirges, die mit einer mächtigen Folge von Pliozän- und Quartärablagerungen erfüllt ist, und schließlich die Vortiefen des Kopet-Dag und des Hissar, die im Süden an die Karakum-Tafel angrenzen. Diese tektonischen Hauptelemente sind von Faltungsgebieten begrenzt, in denen paläozoische und meso- bis känozoische Gesteine zu Tage ausgehen. Zu diesen gehören die Gebirgssysteme des Kopet-Dag, des Großen Balchan und Kuba-Dag, des Hissar, des Sultan-Uisdag und des Westlichen Tienschan.

Die Vortiefen

Die Hissar- und Kopet-Dag-Vortiefe sind kompliziert gebaut.

In der Kopet-Dag-Vortiefe sind deutlich eine Innen- und eine Außenzone zu unterscheiden.

Auf die Innenzone ist der gefaltete Kopet-Dag nach Norden überschoben. Sie zeigt im Tertiär ausgeprägte lineare Strukturen von geringer Größe mit Einfallwinkeln bis zu 60°.

In der Außenzone wird das Tertiär über 3000 m mächtig, während das paläozoische Grundgebirge nach geophysikalischen Messungen etwa 9000 bis 10000 m tief liegt. Im Bezirk Isganta ist eine NW-streichende flache Aufwölbung auf 15 km Länge verfolgt worden, deren Amplitude innerhalb der Miozänschichten 150 m, innerhalb des Paläogens etwa 300 m beträgt. Die Grenze zwischen der Außenzone der Vortiefe und der Karakum-Tafel wird nach dem steileren Einfallen der Gesteine und der starken Mächtigkeitszunahme der Sedimente gezogen.

Die Kopet-Dag-Vortiefe wird durch die Queraufragung von Kisyl-Arwat kompliziert, innerhalb derer Oberkreide in geringer Tiefe liegt.

Die Gesamterstreckung der Kopet-Dag-Vortiefe beträgt 600 km bei einer Höchstbreite von etwa 60 km.

Die Hissar-Vortiefe ist noch ungenügend erforscht. In ihrem NNO-Teil ist eine über 1000 m mächtige neogene bis quartäre Molassefolge bekannt. In der Verlängerung nach SSW treten einige lange, schmale, stark gestörte Falten mit einem Schichtenfallen bis 60° auf, deren Scheitelteil aus Oberkreide besteht. Zu dieser Vortiefe gehört auch die Struktur Kerki-Dag, in der eine Erkundungsbohrung bei 2800 m Tiefe das Neokom noch nicht durchteuft hat; diese Falte ist durch eine Überschiebung von 500 m Sprunghöhe gestört. Die Hissar-Vortiefe grenzt im NO an das paläozoische Massiv des Sarawschan-Kammes; im SW ist sie bis an den Amu-Darja verfolgt, während ihre weitere Fortsetzung noch unklar ist. An einem Bruchsystem stößt die Vortiefe an die Faltenzone der Ausläufer des Hissar-Kammes, in der Cenoman hier und da an die Buchara-Stufe des Paläogens grenzt.

Die Karakum-Tafel

Die Vortiefen des Kopet-Dag und des Hissar wie auch das Faltengebiet des Großen Balchan und Kuba-Dag schließen mit ihrem Nordteil an die Karakum-Tafel an. Im Osten ist diese durch Ausbisse paläozoischer Massive im westlichen Abtauchen des Tienschan, im Norden durch die Zone des Sultan-Uisdag und die Zone von Mangyschlak begrenzt.

Das Grundgebirge der Karakum-Tafel ist in der Tuarkyr-Aufragung aufgeschlossen und im Gebiet von Buchara und Chiwa erbohrt worden, und zwar in Gestalt paläozoischer Ablagerungen verschiedenen Alters. Auf Grund geophysikalischer Ergebnisse nimmt man an, daß die Tafel auch sonst aus solchen besteht.

Das Tafelstadium des Gebietes beginnt mit der Jura-Periode; denn auf den paläozoischen Gesteinen liegt mit starker Winkeldiskordanz nichtmetamorpher Jura.

Die Karakum-Tafel nimmt ein Gebiet von 1000 km Länge und 400 km Breite ein. Erst neuerdings liegen einige Ergebnisse von Bohrungen und geophysikalischen Arbeiten zur regionalen Vorerkundung und zur Öl- und Gaserkundung vor. Es lassen sich zwei große Aufwölbungen, die der Zentralen Karakum und die bei Krasnowodsk und am Kara-Bogas sowie eine Gruppe von großen Falten im Bezirk Tuarkyr, unterscheiden. Außerdem sind, besonders im zentralen und östlichen Teil der Turkmenischen SSR und in West-Usbekistan, einige langgestreckte Hebungszonen mit Senken dazwischen zu beobachten, die 300 km Länge erreichen. Gelegentlich sind in den Hebungszonen Aufragungen des paläozoischen Grundgebirges festgestellt worden (Kagan und Gasli), an deren Flanken, und zwar parallel dazu, lokale Strukturen entwickelt sind.

Die Antiklinalzonen von Buchara, Darganata, Repetek und Mary komplizieren den flachen SW-Abfall der Tafel. Das paläozoische Grundgebirge liegt im Wall von Buchara bei 1250—1300 m, in der Erhebung von Darganata in 2400—2600 m, in der von Mary in bis 4000 m Tiefe.

In den Antiklinalzonen und Senken finden sich zahlreiche Spezialstrukturen, deren größte sich auf 15 bis 60 km erstrecken. So ist z. B. die Struktur Gasli 40 km lang und 12 km breit; sie streicht etwa W-O; die Nordflanke fällt mit höchstens 1,5—2°, die Südflanke mit bis 20° ein, wobei letztere durch eine Störung kompliziert ist. Oberflächlich ist die Struktur aus Paläogen und Neogen zusammengesetzt. Zwischen Kreide und Jura ist eine Diskordanz angedeutet. Die Amplitude der Struktur beträgt 450 m an der steileren und 250 m an der flacheren Flanke.

---

[1] Nowyje dannyje po geologitscheskomu strojeniju i perspektiwam neftegasonosnosti sapadnoi tschasti Srednei Asii. — Geologija nefti i gasa, Moskwa, 3 (1959), Nr. 5, S. 12—19, 1 Abb. — Gekürzte Wiedergabe von H. KÖLBEL.

Die Aufwölbung der Zentralen Karakum ist asymmetrisch und zeigt einen steileren Südabfall. Im Axialteil (Bezirk des Schwefelwerkes und Bezirk von Darwasa) liegt das paläozoische Grundgebirge 1500 bis 2000 m tief. Da in diesem Gebiete eine Bohrung bei 1132 m im Alb eingestellt wurde, ist anzunehmen, daß der Jura und vielleicht der untere Teil der Kreide fehlt. Diese Ablagerungen schalten sich aber wahrscheinlich nördlich und südlich vom Scheitelteil ein. An der Südflanke, in den an die Kopet-Dag-Vortiefe angrenzenden Gebieten, liegt das Grundgebirge 4—5 km tief. Dies ist durch Zunahme der Tertiärmächtigkeit wie auch durch das Erscheinen einer im Scheitelteil fehlenden mächtigen Folge von Jura- und Kreideablagerungen bedingt.

Die Murgaw-Senke liegt im SO-Teil der Turkmenischen SSR. In ihrem Axialteil werden Neogen und Quartär über 900 m mächtig; sie nehmen aber nach Süden und Westen stark ab und keilen schließlich aus, so daß in den Bezirken Kuschka, Badchys und Tschaatscha Paläogen ausbeißt. Auch nach Norden zu nehmen Neogen und Quartär ab. In der Senke sind auch große Paläogen-Mächtigkeiten anzunehmen; östlich vom Tschaatscha-Flusse wurde das Paläogen mit 900 m noch nicht durchbohrt. Auch hier gibt es Spezialstrukturen.

Die Westturkmenische Senke

Die im Südwestteil der Turkmenischen SSR gelegene Senke ist im Norden, Osten und Süden durch Brüche gegen die Faltengebirge des Kuba-Dag, des Großen und Kleinen Balchan, des Kopet-Dag und des Elburs begrenzt. Im Westen setzt sich die Senke innerhalb des Kaspischen Meeres fort. Sie bildet also einen Teil der ausgedehnten Südkaspischen Senke.

Die Westturkmenische Senke ist von mächtigem Neogen und Quartär erfüllt; am meisten entwickelt sind die bunte Suite, die Apscheron-Stufe und das Quartär. Das Quartär allein wird in den Depressionsgebieten 1000 m mächtig; die Entwicklung der Senke dauert bis heute an. Sie ist durch Teilsenken und -wälle, durch Spezialstrukturen und Störungen kompliziert.

Die Erdöl- und Erdgashöffigkeit

Sehr höffig sind die Westturkmenische Senke, das Gebiet von Buchara und Chiwa sowie einige Bezirke im Osten und Südosten von Turkmenistan (s. Abb).

In der Westturkmenischen Senke liegen die Erdöllagerstätten Kum-Dag, Nebit-Dag, Kotur-Tepe und Tscheleken sowie die Gas-Kondensat-Lagerstätte Kisyl-Kumy, sämtlich in der Zone am Balchan. Außerdem sind eine Gasfontäne mit Öl auf dem Okarem-Feld in der tektonischen Zone von Gogran-Dag-Tschikischljar und ein Gasausbruch im Bezirk Adam-Kuduk zu nennen. In allen Lagerstätten sind die produktiven Horizonte an eine Auskeilungszone der Pliozän-Ablagerungen im Ostteil der Senke gebunden. Sehr höffig sind die Neogen-Ablagerungen auch im Nordteil der Senke an der Grenze zum Faltensystem des Großen Balchan und Kuba-Dag, wo sie ebenfalls auskeilen. Hohe Perspektiven bieten auch die küstennahen Meeresteile, vor allem in der Verlängerung der Tscheleken-Falte.

Das Gebiet von Buchara und Chiwa bietet gute Aussichten für die Entdeckung großer Gas- und Öllagerstätten. Bisher kennt man einige Gaslagerstätten, vor allem die von Gasli mit über 400 Milliarden m³, ferner die von Dsharkan, Karaul-Basar, Sarytasch u. a., die an das Mesozoikum, vor allem die Kreide, gebunden sind. Die effektive Gesamtmächtigkeit aller produktiven Kreidehorizonte der Lagerstätte Gasli beträgt 275 m. Die einzelnen Horizonte der vielschichtigen Lagerstätte liefern bis 3,5 Millionen m³ täglich. Öl wurde aus dem Neokom bis Apt mit bis 47 t täglich (Felder Gasli und Dsharkak) bzw. 20 bis 40 t täglich (Lagerstätte Karaul-Basar) sowie aus dem Jura (Feld Dsharkak) erhalten. Produktiv sein könnten auch Sandpakete jüngerer Oberkreide-Horizonte, des Turons und Senons, die von tonigen Gesteinen bedeckt sind.

Die Lagerstätten des Gebietes sind vor allem an die Antiklinalzone von Buchara gebunden. In jüngster Zeit wurde die große Gaslagerstätte Jushny Mubarek entdeckt, die schon innerhalb der Karakul-Senke liegt; hierdurch wurden die Öl- und Gasaussichten für West-Usbekistan beträchtlich erhöht.

Ähnlich diesem Gebiet und sehr höffig sind Flächen von wenigstens 60000 km² in Ost-Turkmenistan. Öl- und Gasanzeichen fanden sich im Turon, im Oberen Cenoman und im Alb.

Höffig ist auch die Aufwölbung der Zentralen Karakum samt ihrer Südflanke. Gasanzeichen wurden im Turon und Alb beobachtet. Im Südteil, nahe der Kopet-Dag-Vortiefe, könnten neben den mesozoischen auch Ablagerungen des Paläogens Öl und Gas führen, die dort in Tiefen von 700 m und höher liegen.

Perspektiven im Mesozoikum bietet auch das Kara-Bogas-Gebiet an der Ostflanke der Aufwölbung Krasnowodsk—Kara-Bogas.

Schematische Karte der Erdöl- und Erdgashöffigkeit im Westteil Zentralasiens (zusammengestellt von einem Kollektiv von Geologen betrieblicher und wissenschaftlicher Forschungsorganisationen der Usbekischen und der Turkmenischen SSR unter der Gesamtredaktion des WNIGNI).

Flächen: I — höffig für die Entdeckung großer Öl- und Gaslagerstätten. II — höffig für die Entdeckung von Öl- und Gaslagerstätten. III — höffig, aber nicht genügend untersucht. IV — wenig höffig. V — mit ungeklärter Höffigkeit. VI — nicht höffig. VII — lokale Strukturen. VIII — entdeckte und in Förderung stehende Erdöllagerstätten: 1 — Tscheleken, 2 — Kotur-Tepe, 3 — Nebit-Dag, 4 — Kum-Dag. IX — entdeckte Gaslagerstätten: 1 — Kisyl-Kumy, 2 — Okarem, 3 — Adam-Kuduk, 4 — Karatschop, 5 — Gasli, 6 — Tasch-Kuduk, 7 — Sarytasch, 8 — Karaul-Basar, 9 — Dsharkak, 10 — Setalan-Tepe, 11 — Jushny Mubarek

Bemerkung:

Die Öllagerstätte 4 liegt östlich der Gaslagerstätte 1, Die Gaslagerstätte 10 links des „S" von Samarkand. Die Gaslagerstätte 4 (ganz im Süden) ist fälschlich als schwarzer Punkt wiedergegeben. Statt „Gasan-Kuri" muß richtig „Gassan-Kuli" stehen.

In der Kopet-Dag-Vortiefe ist das über 1700 m mächtige Paläogen höffig, das an einer örtlichen Struktur Gasanzeichen geliefert hat. Das Mesozoikum liegt erst in mehr als 4000 m Tiefe und wird nicht behandelt.

Von Interesse ist auch die Hissar-Vortiefe. Hier sind Gasanzeichen in der Unterkreide festgestellt worden, auf die im Kerki-Dag-Gebiet 830 m von den insgesamt 2250 m Kreide entfallen.

In der Murgaw-Senke erfolgte an der Struktur Karatschop ein Gasausbruch aus dem Senon. Das Gas enthält 91,3% Methan und 8,7% schwere Kohlenwasserstoffe, was auf die Nähe eines Erdöllagers hindeutet. In Analogie zu anderen Bezirken kann man mit Öl und Gas in tieferen Kreidehorizonten rechnen.

Nicht höffig sind die Faltengebirge Kopet-Dag, Großer und Kleiner Balchan und Kuba-Dag, die Tuarkyr-Aufragung sowie die Bezirke der westlichen Ausläufer des Tienschan und der Sultan-Uisdag.

Zusammenfassend kann man feststellen, daß der Westteil Zentralasiens als öl- und gashöffiges Gebiet von außerordentlicher wirtschaftlicher Bedeutung ist.

Entsprechend dem Siebenjahrplan sind die geologischen Sucharbeiten, die geophysikalischen Untersuchungen und die Erkundungsarbeiten in den westlichen Bezirken Zentralasiens sehr zu verstärken, das bei seinen potentiellen Möglichkeiten alle Voraussetzungen hat, um sich in den nächsten Jahren in eine größere Basis der Erdöl- und Erdgasindustrie der Sowjetunion zu verwandeln.

Geochemische Konferenz der Akademie der Wissenschaften der Volksrepublik Ungarn vom 5. 10. – 10. 10. 1959 in Budapest

EBERHARD KAUTZSCH & JOACHIM OTTEMANN

In der Zeit vom 5.—10. 10. 1959 fand in Budapest eine Geochemische Konferenz statt. Veranstalter dieser Tagung war die Ungarische Akademie der Wissenschaften. Als Hauptinitiator ist das Ordentliche Mitglied der Ungarischen Akademie der Wissenschaften Prof. Dr. E. SZÁDECZKY-KARDOSS zu nennen.

Am ersten Tage wurden über folgende Themen Vorträge gehalten:

1. Genese und Systematik der Magmatite

Prof. Dr. E. SZÁDECZKY-KARDOSS: Die Erdkruste, das Magma und seine leichtflüchtigen Bestandteile: das Druck-Temperatur-System der Gesteine; das genetische System der magmatischen Gesteine; Vorschlag zur Schaffung einer neuen einheitlichen Nomenklatur der Magmatit-Petrographie.

In seinen einleitenden und anschließenden speziellen Ausführungen gab der Vortragende eine zusammenfassende Begründung seiner Auffassung über die geochemischen Prozesse im Magma auf Grund des Einflusses der leichtflüchtigen Bestandteile.

Der Begriff der Transvaporisation und die fünf Vorgänge, welche hierdurch im Magma ausgelöst werden, wurden erläutert:

Vorgang	Wassergehalt und Temperatur des ursprünglichen „Magmas"	Entwicklungstyp des Magmas	Ursprüngliche Temperatur u. Wassergehalt des Nebengesteins	Richtung der Transvaporisation
1. Migmatisation	heiß, trocken	Magma als Porenlösung	warm, trocken	vorwiegend positiv ¹)
2. Kontaktzonenbildung	heiß, trocken	Orthomagma	kalt, trocken	schwach positiv oder negativ ²)
3. Kontaktpneumatolyse	warm, feucht	Hemiorthomagma	kalt, trocken	negative Fluid- oder Dampfbewegung
4. Transvaporisation sensu strictu	warm, feucht	Hypomagma	kalt, feucht	positive Transvaporisation durch Lösung
5. Metamagmatisation	kein Magma		kalt, trocken	positive Migration der Lösung

¹) vom Nebengestein in das magmatische Gestein
²) vom magmatischen Gestein in das Nebengestein

Auf Grund dieser Vorgänge wurde ein neues System der magmatischen Gesteine entwickelt, das zu einem vorläufigen Vorschlag für eine einheitliche Nomenklatur ausgebaut wurde. Die Temperaturbereiche für die einzelnen Gruppen wurden dabei genauestens festgelegt und gegeneinander abgegrenzt. In der Abbildung ist dieses System, entsprechend dem vom Vortragenden gebrachten Schema, wiedergegeben. Näheres kann in der Acta Geologica hierüber eingesehen werden.

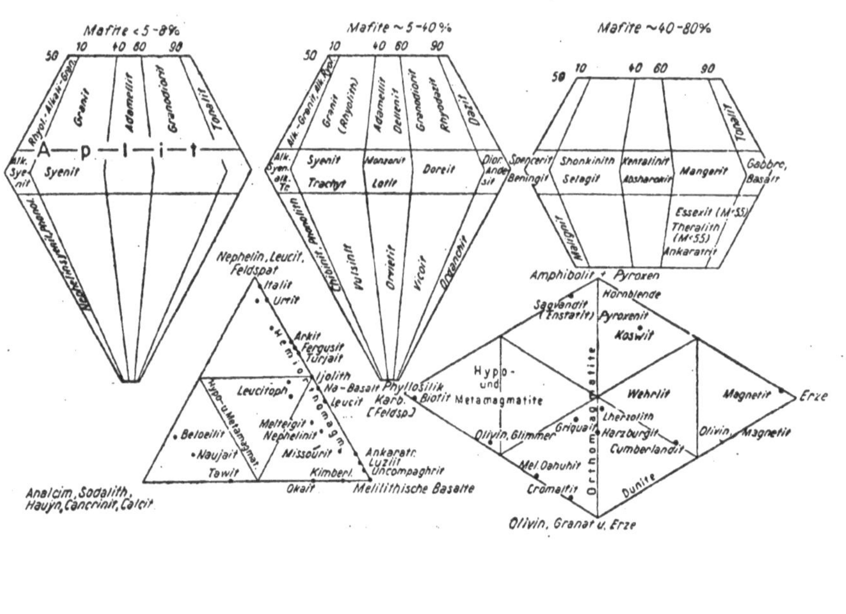

Prof. Dr. P. ESKOLA, Helsinki: Regeneration archaischer Gesteine

Absolute Altersbestimmungen von synkinematischen Graniten der svekofennischen und der karelischen Orogenesen ergaben bei Anwendung verschiedener Methoden (Kalium/Argon-, Uran/Blei- und Strontium/Rubidium-Methode) übereinstimmend ein Alter von 1,8 · 10⁹ Jahren. Vom Vortragenden wird dies zunächst unverständliche Ergebnis einer gleichen Altersbestimmung zweier sich mit erheblichen Zeitdifferenzen abspielenden Orogenesen durch eine weiträumige Rejuvenation der svekofennischen Teile der Erdkruste durch eine regionale Granitisation, verknüpft mit einer Kali-Metasomatose, gedeutet. Die Granitentstehung durchlief hierbei die Etappen der primären liquidmagmatischen Kristallisation, der pneumatolytischen Mineralisation und das Stadium hydrothermaler Metasomatose. Im Sinne von SZADECZKY-KARDOSS fanden dabei auf Grund des Ionen- und Eigenpotentials Aufwärtsdiffusionen der leichteren Ionen statt, wobei dem Kaliumion bei der Granitentstehung eine besondere Bedeutung zukommt. Die erweiterte Anwendung dieser Auffassung führt auf eine elegante Weise zu einer einfachen und befriedigenden Theorie über die Entstehung von Erzlagerstätten und Tiefengesteinen.

Prof. Dr. H. SCHNEIDERHÖHN, Freiburg i. Br.: Geologie, Mineralogie, Geochemie und Genesis der Pegmatite

Er gab einen zusammenfassenden Überblick über Geologie, Petrographie, Mineralogie und Geochemie dieser aus den letzten granitischen, schon stark mit Wasser und anderen leichtflüchtigen Bestandteilen und gewissen seltenen Elementen angereicherten Restschmelzen entstandenen Bildungen. Auf Grund seiner auf einem Studium der gesamten wichtigen Pegmatitliteratur seit 1880 beruhenden Ausführungen, welche in 2. Band seines Buches über die Erzlagerstätten der Erde erscheinen sollen, brachte er folgende Klassifikation:

A. Echte magmatische Pegmatite.

In randlichen Granitgebieten und im granitdurchsetzten Schiefergebirge:

1. „Rassereine" Pegmatite, ohne Beeinflussung durch Nebengesteine („Pegmatite der reinen Linie" von FERSMAN).

2. Reaktions- oder Assimilations-Pegmatite durch Wechselwirkung der pegmatitischen Schmelzlösung mit Nebengesteinsmaterial („Pegmatite der Kreuzlinie" von FERSMAN)
a) in Al-reichen Nebengesteinen,
b) in Mg-Fe-reichen ($\pm$ Cr, V)-haltigen Nebengesteinen (basische und ultrabasische Intrusiva). Hierzu zählen die „Smaragd-Pegmatite";
c) in karbonatischen Nebengesteinen,
d) in marinen-borhaltigen Schiefern.

3. Metasomatische Pegmatite (Analoge Gliederungen auch für Syenit- und Nephelinsyenit-Pegmatite).

B. Pseudopegmatite oder metamorphe Pegmatite.

Pegmatitartige Sekretionen in Gebieten der potenzierten Metamorphose, der Anatexis, Granitisation, Migmatitisierung.

Dr. A. T. V. ROTHSTEIN, London: Synorogene Peridotite aus Dawros, Connemara

Der Vortragende erläuterte an Hand des besprochenen Beispiels, daß Übergänge zwischen einzelnen Gesteinstypen nicht gleichförmig sind. Er zeigte, daß sich bestimmte Gesteinstypen auf Grund der natürlichen pt-Bedingungen in bestimmten Zonen häufen, während dazwischen Lücken bestehen, für die wahrscheinlich überhaupt keine definierten Gesteine möglich sind.

Prof. Dr. E. KAUTZSCH, Berlin, über die genetische Einteilung der Pyroklastika

Es wurde über den Inhalt eines Diskussionsabends anläßlich der Exkursion der Geologischen Vereinigung, Bonn, in das permische Vulkangebiet Südtirols im Mai 1959 in Trient berichtet. Dabei wurde eine genetische Einteilung der Pyroklastika auf Grund der Viskosität und des Gasgehaltes nach Prof. VAN BEMMELEN der von Dr. PANTÓ gegebenen Einteilung gegenübergestellt.

2. Magmatismus im Karpatenbecken

Prof. E. E. VÁDASZ, Budapest: Die Geologie des Magmatismus Ungarns. Es wurde ein zusammenfassender Überblick gegeben.

Dr. F. FIALA, Praha (und Mitarbeiter): Übersicht des tertiären Vulkanismus im zentralen Teil der Slowakei

Der Vortragende berichtete über die verschiedenen vulkanischen Bildungen in der ČSR sowie über den Stand der Forschung an diesen Gesteinen in den der VR Ungarn benachbarten Gebieten.

Dr. S. KOCH: Die tertiäre vulkanische Vererzung in Ungarn

Es wurde ein zusammenfassender Überblick über die einzelnen Erzvorkommen, die mit dem tertiären Vulkanismus im Zusammenhang stehen, gegeben.

B. BALKAY: Die neozoische Magmatektonik Ungarns

Auf Grund geophysikalischer Messungen wurden Rückschlüsse über den Vorgang bei der Ablagerung der vulkanischen und subvulkanischen Bildungen sowie über die Stellung des Magmaherdes gezogen. Pressungs- und Zerrungstektonik, welche teilweise auf geothermische Vorgänge zurückgeführt wurden, spielen hier im Wechsel eine gewisse Rolle. Das ganze System wurde regionalgeologisch für das Karpatenbecken auszunutzen versucht.

A. VIDACS: Tertiärer Vulkanismus des Mátra-Gebirges

Dr. G. PANTÓ: Die tertiäre vulkanische Tätigkeit des Tokaj-Gebirges

Die Vortragenden gaben einen Überblick über geologischen Aufbau und Ablauf der vulkanischen Vorgänge sowie die sich aus diesen ergebenden Produkte und Ablagerungen in dem Exkursionsgebiet, welches am zweiten und dritten Tage besucht wurde.

Dr. TH. KAEMMEL, Berlin: Der Phenoandesit bei Borna in Sachsen

Es wurde an Hand einer exakten petrographischen und geochemischen Beschreibung eines paläandesitischen Gesteins aus dem nordwestsächsischen permischen Vulkangebiet gezeigt, wie die von Prof. Dr. SZÁDECZKY-KARDOSS entwickelten Nomenklaturen ihre berechtigte Anwendung auch hier finden konnen. Auch ergaben sich bei Anwendung dieses Systems viele genetische und allgemein geologische Hinweise, welche die Forschung auf diesem Gebiet fordern können.

Am 2., 3. u. 4. Tag fanden Exkursionen in das vulkanische Gebiet des Mátra-Gebirges, des Tokay-Gebirges und des Börszony-Gebirges sowie in die Bauxit-Gebiete von Gant-Bagehyhegy am Plattensee statt.

Am fünften Tage der Konferenz fanden wiederum eine Anzahl Vorträge statt.

3. Geoenergetik, Geochemische Methoden

Prof. Dr. W. L. LEBEDEW, Leningrad: Die Gesetzmäßigkeiten der Isomorphie in den Mineralien der magmatischen Kristallisation

Die Fähigkeit einzelner Elemente, das Kristallgitter zu stärken oder zu schwächen, ist eine der wichtigsten Tatsachen, die die magmatische Kristallisation beherrschen und die Beziehungen der Isomorphie bestimmen. Bei einer Stärkung des Kristallgitters werden die Elemente gebunden. Dies ist charakteristisch für die Mineralien der Frühkristallisation und für diejenigen der ersten hochtemperierten Generation einzelner Mineralien.

Im zweiten Fall, bei Schwächung des Gitters, werden die Elemente allgemein in der Schmelze angereichert und treten in die Mineralien der letzten Generation oder der abschließenden Phasen der Kristallisation ein. Der Verfasser gab für beide Fälle Beispiele:

Die Berechnung der Stärkung oder Schwächung des Gitters ist für einzelne Elemente nicht einfach. Hierbei müssen die Ionenenergie der Elemente in Betracht gezogen werden, ebenso wie in einzelnen Fällen, z. B. bei möglichem Wechsel in der Natur der Verbindungen die Wertigkeiten und die Ionenradien.

Prof. W. W. STSCHERBINA. Die Verteilungsgesetze der Mineralien gleicher Genese

Der Vortragende gab einen Überblick über die Anreicherung seltener Elemente in den Mineralien der magmatischen Kristallisation. Hochtemperierte Mineralien sind im allgemeinen reicher an seltenen Elementen als niedrigtemperierte Mineralien. Er faßte alle Probleme zusammen, von denen der Einbau von seltenen Elementen im Gitter abhängt.

Prof. Dr. P. ESKOLA, Helsinki: Perioden geochemisch bedingter Beschleunigung der Lebensentwicklung

Er führte aus, daß sich alle entscheidenden Sprünge in der Lebensentwicklung in orogenen Zeiten abgespielt haben. Die Vervollkommnung der Entwicklung fand dann in den nachfolgenden, für das Leben günstigeren, epirogenen Zeiten statt. Man kann so mehrere Zeitabschnitte unterscheiden:

1. Die chemozoische Ära, in der die erste Atmosphäre noch keinen freien Sauerstoff, sondern nur Wasserstoff und dessen Verbindungen mit Sauerstoff, Kohlenstoff und Stickstoff enthielt. In dieser Epoche war kein Leben in unserem Sinne möglich. Es folgte dieser Ära

2. das Zeitalter der Pflanzen, die phytozoische Ära, deren Beginn mit der karelischen Orogenese zusammenfällt.

Sie ist gekennzeichnet durch den Prozeß der Photosynthese. Das Leben produziert nunmehr Stoffe mittels der Energie der Sonnenstrahlung. Es folgte

3. die assyntische Orogenese nach STILLE, etwa 820 bis 500 Mio Jahre vor unserer Zeit, die gekennzeichnet ist durch die Differenzierung des Tierreiches vom Pflanzenreich. Die Zeit nach diesem zweiten großen Umbruch ist die euhydrozoische Ära, das Zeitalter der Wassertiere und ausschließlich Wasserpflanzen. In dieser von der assyntischen Ära bis zur Devonperiode dauernden Zeit fand gegen Ende der Übergang des Lebens vom Wasser auf das Land statt.

Bei den letzten drei Orogenesen spielten Vorgänge eine Rolle, welche das Leben wiederholt auf die Probe stellten, bedingt durch extreme Verhältnisse der Gebirge, des Klimas der Glazialgebiete und der Wüsten. Sie führten vielmals zum Massensterben von Tieren, einer Ausmusterung der ungeeigneten Formen im Sinne der Selektionstheorie DARWINS. Durch Zunahme an radioaktiven Substanzen vermehrte sich die Häufigkeit der Mutation und damit die Differenzierung der Arten. Der grundlegende Fortschritt bei der Entwicklung der Wirbeltiere liegt in der Verbesserung des Blutkreislaufes, also der Atmung bzw. der Energieversorgung. Sie ist bedingt durch eine genügende Sauerstoffkonzentration der Luft, und diese wiederum wird vermehrt durch die geochemischen Vorgänge im Zusammenhang mit der Orogenese. Die gesteigerte Auslese einerseits und die zuletztgenannten positiven Beschleunigungsmittel für das Leben andererseits durch Vermehrung des Sauerstoffgehaltes in der Luft fanden zu orogenen Zeiten statt.

Prof. Dr. SZTRÓKAY, Budapest: Die geologischen, mineralogischen und chemischen Eigenschaften des Kabaer kohlenwasserstoffhaltigen Meteoriten

Es wurde über Untersuchungsergebnisse an dem im Jahre 1857 bei Kaba gefallenen kohlenwasserstoffhaltigen Meteorstein berichtet. Dabei wurden Vergleiche mit anderen Meteorsteinen und genetische Betrachtungen in bezug auf das Verhalten der im Meteorit enthaltenen Kohlenwasserstoffe zu den Chondriten und andererseits der Beziehungen zwischen dem S, N und C zum Oxydationsgrad angestellt.

Prof. HEIDE, Jena: Tektite

Der Vortragende berichtete über seine Forschungsergebnisse. Zu den Fragen der geochemischen Untersuchungsmethodik gehörte im besonderen die Anwendung der optischen Spektralanalyse auf die Bestimmung des absoluten Alters von Gesteinen.

Prof. Dr. MARIA FÖLDVARI-VOGL & BELA KLIBURSZKY vom Geologischen Landesamt in Budapest trugen vor über: „Altersbestimmung von Biotit aus Graniten mit Hilfe der Strontium-Methode" und FÖLDVARI-VOGL & M. KREZOI über „Kritische Untersuchung der Fluor-Methode".

Die spektrochemischen Arbeiten von L. H. AHRENS, betreffend die Strontium-Methode, zeigten die Möglichkeit, auch Granitbiotite für die Altersbestimmung heranzuziehen. FÖLDVARI-VOGL & KLIBURSZKY untersuchten einen Granitbiotit aus dem Valence-Gebirge. Das Biotitmaterial wurde sorgfältig aus etwa 1 kg Gestein isoliert. Mit Ba bzw. La als Innerem Standard wurde zunächst der Gesamtgehalt an Rb und Sr spektrochemisch ermittelt. Der relativ hohe Strontiumgehalt von 0,008% im Biotit zeigte an, daß nicht alles vorliegende Sr radiogen sein konnte. Es sollte daher eine Isotopenbestimmung mit Hilfe der „Échelle"-Spektroskopie vorgenommen werden. Es wurde die Hyperfeinstruktur der Strontiumlinie 6791 Å durch Einbau eines FABRY-PÉROT-Interferometers in den Strahlengang zwischen Kollimator und Prismensatz eines Drei-Prismen-Spektrographen bestimmt. Als Emissionsquelle diente eine Hohlkathodenentladungsröhre nach H. SCHÜLER.

Die senkrecht zur Dispersionsrichtung des Spektrums entstehenden Interferenzlinien wurden mit einem registrierenden Photometer aufgezeichnet. Die Konzentration an Sr^{87} wurde durch Vergleich mit einem Sr-Präparat normaler, bekannter Isotopenzusammensetzung bestimmt. Der Sr^{87}-Gehalt des Biotits aus dem Granit des Valence-Gebirges wurde zu 0,00007% ermittelt. Das Ergebnis der Altersbestimmung war:

$$t = 217 \cdot 10^6 \pm 40 \cdot 10^6 \text{ Jahre.}$$

Die Fluor-Methode zur Altersbestimmung fossiler Knochen erscheint deshalb von besonderer Bedeutung, weil sie die erfaßbare Zeitspanne der C^{14}-Methode einerseits und die der radioaktiven Altersbestimmungen andererseits (bis 60000 bzw. bis 10000000 Jahre) überbrückt. Es wurde ein spektrochemisches Schnellverfahren zur Fluor-Bestimmung angewendet: die Photometrierung des Bandenkopfes bei 5291 Å der CaF-Molekel (Anregungsstromstärke 4—5 Ampère). Die Arbeitskurve ergab sich aus der graphischen Gegenüberstellung der Werte $\frac{F/P_2O_5}{0{,}0891}$ und des Logarithmus des Alters in Jahren. Auf Grund vieler Einzelbestimmungen fanden FÖLDVARI-VOGL & M. KRETZOI, daß die Fluor-Methode nur auf gleiche Milieubedingungen anwendbar ist, da die Menge des in den Knochen eingebauten Fluors von der Fluorkonzentration der Umgebung abhängt. So ergab sich, daß Proben von Flußablagerungen, aus Karstgebieten und eine dritte Gruppe von umgelagerten Fossilien unterschieden werden mußten. Weiter ist darauf zu achten, daß immer die gleiche Art von fossilen Knochen (Gliederknochen, Schädelknochen oder Zähne) zur Untersuchung gelangt.

Dr. GYÖRGY BARDOSSY vom Geologischen Landesamt in Budapest & MAGDOLNA BOD vom Geophysikalischen Institut in Budapest trugen vor über ein „Neues Meßverfahren zur Charakterisierung des Oxydationszustandes von Gesteinen".

Da sich Redoxpotentiale von Festkörpern nicht direkt bestimmen lassen, konnten Oxydationspotentiale von Gesteinen bisher nicht als Kennziffern zur Lösung geochemischer Probleme herangezogen werden. Viele Versuche sind schon von anderen Forschern angestellt, um den Oxydationszustand eines Gesteines dadurch zu bestimmen, daß eine Aufschlämmung von Gesteinspulver in reinem Wasser potentiometrisch gemessen wird. Diese Versuche sind aber an der Tatsache gescheitert, daß das gemessene Potential lediglich auf der mehr oder weniger großen Löslichkeit bzw. Zersetzbarkeit der Gesteinskomponenten in Wasser beruht. Das wahre Redoxpotential würde sich bei diesen Versuchen nur dann einstellen, wenn das Gestein vollständig gelöst werden könnte, was aber praktisch unmöglich ist.

Die Vortragenden haben nun seit 1958 eine ganz neue Idee zur praktischen Anwendung gebracht. Die Gesteinskomponenten sollten mit einem aggressiven Lösungsmittel behandelt werden. Um nun aber den Oxydationszustand des Gesteines nicht zu zerstören, wenden sie ein stark wirkendes Oxydationsmittel an. Hierdurch wird zwar nicht direkt das Redoxpotential des Gesteines, sondern indirekt die Änderung des Oxydationspotentials des zugesetzten Oxydationsmittels gemessen. Als Oxydationsmittel wird Kaliumbichromatlösung verwendet. Die Potentialmessung wird an dem in der Lösung suspendierten Gesteinspulver von unter 40 μ Korngröße ausgeführt. Die Resultate stellen nicht das eigentliche Redoxpotential des Gesteins, jedoch eine Funktion desselben dar. Oxydationspotential-Messungen an definierten Eisenmineralien, deren Eh-Werte bereits theoretisch berechnet waren, zeigten eine unverkennbare Relation der Oxydationspotentiale zu den theoretischen Eh-Werten. Die neue Verfahrensweise soll sich besonders auf alle Sedimentgesteine anwenden lassen. Es soll daher versucht werden, auf diese Weise die hauptsächlichen Redox-Faziestypen von Sedimentgesteinen zu bestimmen.

Prof. SAVUL, Bukarest: Paläothermometrische Forschungen in der hydrothermalen Erzlagerstätte von Felsöbanya (Rumänische VR).

Durch zahlreiche mineralogische, kristallographische und genetische Studien, unter Zuhilfenahme von rechnerisch statistischen Methoden, wurden die Kristallisationstemperaturen des Quarzes im Hauptgang von Felsöbanya ausgewertet. Mit dem Einfallen des Ganges steigen Frequenzmaximum, arithmetisches Mittel und die Grenzwerte mit zunehmender Tiefe, so daß durch Extrapolation auf Bildungstemperaturen in größeren Tiefen geschlossen werden konnte. Die Quarzkristallisation begann bei höherer Temperatur. Mit dem Kristallwachstum sank die Temperatur. Jede einer bestimmten Bildungstemperatur entsprechende Paragenese kommt in mehreren Horizonten vor, jedoch erscheint das Frequenzmaximum immer in einem bestimmten Horizont. Geothermischer Gradient der Lösung, geothermische Tiefenstufe, Schwankungen der Bildungstemperaturen für verschiedene Paragenesen, Frequenzmaxima u. a. konnten so ermittelt werden.

Dr. TARASSOW, Moskau: Absolute Altersbestimmungen in Gesteinen des baltischen Schildes

Es wurde an Hand einer Fülle von absoluten Altersbestimmungen die zeitliche Bildungsentwicklung der Gesteine des baltischen Schildes gegeben.

Dr. Gy. Grasselly von der Universität in Szeged berichtete über „Beziehungen zwischen komplexen Anionenpotentialen sowie Verbindungspotentialen und thermochemischen Daten".

Szádeczky-Kardoss führte den Begriff des Verbindungspotentials ein. Das Verbindungspotential läßt sich einfach aus Ladung und Radius der beteiligten Ionen berechnen. Nach Szádeczky-Kardoss & Grasselly lassen sich die Verbindungspotentiale weitgehend zur Interpretation geochemischer Prozesse verwenden. Grasselly kam es nun darauf an, weitere Beziehungen zwischen thermochemischen Daten und entsprechenden Potentialwerten von Mineralverbindungen festzustellen, um auch vom physikalischen Standpunkt aus eine unzweideutige Definition der Verbindungspotentiale zu geben. An Hand von Diagrammen konnte Grasselly Wechselbeziehungen zwischen Hydratationswärmen und Potentialen komplexer Anionen verschiedener Wertigkeit (z. B. NO_3^{-1}; WO_4^{-2}; PO_4^{-3}) zeigen. Es erscheint möglich, mit Hilfe von aus Atomdaten und röntgenographisch ermittelten Ionenabständen berechneten komplexen Anionenpotentialen auch fehlende oder nur ungenaue Hydratationswärmen komplexer Anionen zu ermitteln. Hierzu sollen weitere Untersuchungen durchgeführt werden. Ebenso lassen sich aus den gezeigten Diagrammen Beziehungen zwischen den Bildungswärmen von Sauerstoffsalzen (Sulfaten, Karbonaten, Phosphaten, Orthosilikaten) nach Ramberg und den entsprechenden Verbindungspotentialen ableiten. Spezielle Untersuchungen zielen darauf ab, die Verbindungspotentiale exakt aus den Atomdaten, der Koordination der Kationen und den 0-0-Abständen des komplexen Anions zu berechnen, um auch in Fällen, in denen die Bildungswärmen unsicher sind, wie bei den Silikaten der Alkali- und Erdalkalimetalle, verläßliche geochemische Kennziffern zu haben.

Das Schlußwort hielt Herr Prof. Dr. Szádeczky-Kardoss. Zusammenfassend ist zu sagen, daß die Tagung einen äußerst anregenden Inhalt hatte und deshalb als sehr gelungen zu bezeichnen ist. Insbesondere war auf den Exkursionen, auf denen vor allem die Neovulkanite des Mátra-Gebirges, des Tokaj- und des Börzsöny-Gebirges besichtigt wurden, an vielen Stellen Gelegenheit, am Objekt die Fragen der von Herrn Prof. Dr. Szádeczky-Kardoss vorgeschlagenen Neuordnung der Klassifikation der vulkanischen Gesteine zu diskutieren. Die Fragen der hydrothermalen Beeinflussung und der durch eine hydrothermale Migration im Gestein verursachten Veränderungen, welche zu den vorgeschlagenen Gesteinstypen Anlaß gab, waren Hauptinhalt dieser Diskussionen. Wenn auch vielleicht an diesen oder jenen Punkten die Vorstellungen und Vorschläge der ungarischen Petrographen zu weit gingen, so haben zweifellos diese Vorschläge als ein sehr großer und wünschenswerter Impuls für die Klärung vieler bisher noch nicht genau untersuchter Probleme bei der Bildung magmatischer Gesteine Anlaß gegeben. Das gesamte diskutierte Vortragsmaterial wird in den Acta Geologica demnächst veröffentlicht werden.

Zum Schluß sei die so überaus liebenswürdige und großzügige Gastfreundschaft der ungarischen Kollegen erwähnt, die allen ausländischen Gästen noch lange in dankbarer Erinnerung bleiben wird.

Lesesteine

Zukunftsprognose

Professor Baade, Direktor des Instituts für Weltwirtschaft an der Universität Kiel, rechnet für das Jahr 1975 mit einer Weltstahlproduktion von mehr als 500 Mio t. Davon werde fast die Hälfte auf die sozialistischen Länder entfallen. Auf das Jahr 2000 vorausschauend, meinte Baade, werde dann der Stahlverbrauch je Kopf der Weltbevölkerung zwischen 300 und 400 Kilogramm liegen. Der heutige Zustand, daß in den USA je Kopf der Bevölkerung fast 600 Kilogramm und in Indonesien nur 3,7 Kilo Stahl verbraucht würden, werde dann bestimmt überwunden sein. Der weitaus überwiegende Teil nicht nur des Stahlverbrauchs, sondern auch der Stahlproduktion werde dann auf andere Länder als Westeuropa und Nordamerika entfallen. Indien sei heute schon im Begriff, sich eine große Stahlindustrie aufzubauen, von der Sowjetunion und der VR China ganz zu schweigen. Wenn die alten Stahlländer, die zu Beginn dieses Jahrhunderts mehr als 90% der Stahlproduktion der Welt lieferten, nämlich Europa und Nordamerika, in der Welt des Jahres 2000 ihre Stellung einigermaßen behaupten wollten, dann müßten sie die Steigerung der industriellen Produktion unvergleichlich erfolgreicher organisieren als bisher.

An der Richtigkeit dieser Prognose ist nicht zu zweifeln.

Auch der Rat von Prof. Baade, daß die kapitalistischen Länder, in erster Linie die USA und Westdeutschland, ihre Industrie erfolgreicher als bisher organisieren müßten, um auf der Höhe des Weltniveaus zu bleiben, ist bemerkenswert.

Die höhere Organisationsform an Stelle der kapitalistischen Wirtschaft, die die Entwicklung der Produktivkräfte hemmt, ist die sozialistische. Sie erlaubt es, alle greifbaren Rohstoffquellen restlos und planmäßig auszuwerten und durch die Vergesellschaftung der Produktion einen wissenschaftlich-technischen Fortschritt zu erzielen, den die kapitalistische Wirtschaft wegen ihrer rückständigen Organisationsform eben nicht mehr erreichen kann. L.

Nochmals zu „Beringers Lügensteinen"

(Die Würzburger Fossilienfälschungen. — Z. angew. Geol. Bd. 5, 1959, S. 527—528)

In älteren Arbeiten ist schon mehrfach betont worden, daß Beringer selbst nicht der Verfertiger der Fossilienfälschungen gewesen ist. Vom Juni bis November 1725 wurden über 2000 Fälschungen von drei jungen Steinarbeitern aus Eibelstadt hergestellt und dann Beringer geschickt in die Hände gespielt. Unter dem „Präsidium" von Beringer sind in der Dissertation von Hueber (1726) zahlreiche dieser Fälschungen abgebildet und beschrieben worden. Die „zweite, unveränderte Auflage" der Lithographia Wirceburgensis (Frankfurt u. Leipzig 1767), die lange nach dem Tode von Beringer erschien und bei der nur das Titelblatt geändert worden ist, trägt den Namen Beringer allein auf dem Titelblatt. Daher rührt offenbar die verbreitete Meinung, daß Beringer selbst der Urheber der Fälschungen gewesen sei.

Hueber, der übrigens später Nachfolger von Beringer wurde, tritt mit Recht nur als Mitverfasser auf, da es bis um das Jahr 1800 üblich war, daß z. B. Kandidaten promoviert werden konnten, wenn sie die Kosten für die wissenschaftliche Veröffentlichung ihres Professors trugen. In der Dissertation (S. 95) wird jedoch angegeben, daß Hueber zu den Druckkosten nicht beisteuern mußte. Es ist deshalb richtig, wenn man, wie es bei literarischen Zitaten dieser alten Dissertationen üblich ist, ohne Rücksicht auf die wirkliche Autorschaft, auch in diesem besonderen Falle beide Namen nennt. Der Kandidat Hueber hätte in seiner Arbeit sowieso nur die Meinung seines Professors wiedergeben können.

Beringer entschied sich übrigens nicht eindeutig dafür, daß die Figurensteine natürlichen Ursprungs seien; er ließ die Frage offen, ob sie nicht auch — allerdings „früheren" — künstlichen Ursprunges sein könnten. Ganz so unverstanden ist übrigens Beringer in der Vergangenheit nicht gewesen; denn Othenio Abel vertritt z. B. die Ansicht, durch die Diskussion über die Echtheit der „Fossilien" von Beringer sei mit den alten biblischen Fabelvorstellungen aufgeräumt und damit eine richtigere Auffassung von den Versteinerungen eingeleitet worden. Die „Ehrenrettung" von Beringer ist somit schon früher eindeutig erfolgt, wie u. a. aus der im folgenden angeführten Auswahl von Schriften hervorgeht:

J. Walther, Allgemeine Paläontologie 1 (Berlin 1919) 5.
K. Andrée, Naturwiss. Wochenschr. 32 N. F. 16 (1917) 710—721 u. 35 N. F. 19 (1920) 295—296).
A. Padtberg, Naturwiss. Wochenschr. 37 N. F. 21 (1922) 628—629.
A. Vayson de Pradenne, Les Fraudes en Archéologie Préhistorique. Paris 1932, 11—44.
H. Kirchner, Forsch. u. Fortschr. 12 (1936) 67—68.

H. Otto

Hartbenzin

Hartbenzin hat sich u. a. bei geologischen Expeditionen ganz besonders bewährt. Um ein Liter Wasser im Freien zum Sieden zu bringen, braucht man ein Stückchen Hartbenzin von nur 10 g Gewicht. Das brikettierte Benzin kann man auf offenen Fahrzeugen befördern oder unter einer Zeltbahn stapeln. Sogar unter Wasser können die gelben Benzinbriketts längere Zeit lagern, ohne Schaden zu erleiden.

Zum Gebrauch in Motoren werden die Briketts regeneriert. Die Benzinqualität ist nach der Regeneration die gleiche wie vorher, die Umwandlungsverluste sind gering und liegen bei 2—3%.

Hartbenzin ist eine hochkonzentrierte Fest-Emulsion von wabenartiger Struktur. Das Benzin, das sich in den zellenartigen Hohlräumen befindet, nimmt fast den ganzen Raum des Briketts ein. Sein Gewicht beträgt 95% des Gesamtgewichtes.

Den Fachkollegen, die in abgelegenen Gebieten zu arbeiten haben, ist der Gebrauch von Hartbenzin (Benzinbriketts) zu empfehlen. E.

Himmelsteiche

Es ist bekannt, daß man am Rande der nordafrikanischen Wüsten Kondensatwasser aus der Luft gewinnt. Weniger bekannt ist im allgemeinen, daß auch unsere Vorfahren, vielleicht schon in der Steinzeit, dies verstanden. Sie legten sogenannte „Himmelsteiche" an. Dazu wurden flache Mulden ausgehoben, mit trockenem Stroh oder Schilf dicht ausgepolstert und mit einer 10—20 cm dicken Tonschicht überzogen, die die Muldenränder sehr gut abschloß. Deshalb wurde als Bodenbelag für die Himmelsteiche nur reiner, gut durchgekneteter Ton verwendet. Der Tongrund wurde mit nicht zu großen runden Steinen bedeckt. Das trockene Stroh unterhalb der Tonschicht ist ein schlechter Wärmeleiter. Während der Boden durch die Sonne erhitzt wird, bleibt der Teichgrund kühl, zieht in der Nacht Feuchtigkeit an und „beschlägt" zusammen mit der Steinpackung.

Man kann aus solchen „Himmelsteichen" auch in großen Dürrezeiten das Vieh mit dem Kondensatwasser tränken. Bei Eiderstätt gibt es heute noch solche Tränken, die man „Waterkuhlen" nennt. Das Alter solcher schleswig-holsteinischen Himmelsteiche schätzt man auf über 1000 Jahre. Einer von ihnen war bei 19 m ∅ übermannstief und faßte rund 1000 m^3 Kondensatwasser. Dieser Kampf, den schon unsere Vorfahren mit primitiven Mitteln gegen die Auswirkung von Dürreperioden führten, sollte auch uns ermutigen, durch moderne Bewässerungsanlagen Dürreschäden nach Möglichkeit auszuschalten.

E.

Besprechungen und Referate

KRULL, O.

Zur Entstehung der deutschen Kalilager

„Bergakademie", Jg. 11 (1959), H. 6.

KRULL bezeichnet seinen Artikel als nachträglichen Beitrag zu dem „Kali-Symposium" der DAW in Berlin vom 16. bis 20. 6. 1958. Am Anfang seiner Ausführungen versucht er an Hand der VAN 'T HOFFschen, JÄNECKEschen und D'ANSschen Untersuchungen — allerdings ohne Angabe von Zahlenmaterial — die Tatsache der sowjetischen Forscher, daß Sylvin und Kieserit in primärer Paragenese auftreten können, heftig in Abrede zu stellen. In der Folge bestätigt KRULL die Entstehung der Kalisalzlager des deutschen Zechsteins, wie sie neuerdings besonders von BORCHERT vertreten wird. Auch der Metamorphose der Kalisalzlagerstätte durch aufsteigende Gipswässer im Sinne BORCHERTS stimmt KRULL zu. Zum Schluß bringt KRULL als Beispiel der Richtigkeit der Theorie der Metamorphose das Beispiel des Kaliwerkes „Einigkeit I" bei Fallersleben, wo er entgegen der herrschenden Meinung ein neues Sylvinitlager entdecken konnte.

Die Ausführungen von O. KRULL verlangen eine Stellungnahme, um die derzeitige Situation der Kalisalzlagerstättenforschung nicht einseitig zu sehen. So sei zunächst hervorgehoben, daß z. Z. eine Hartsalzentstehung wie folgt angenommen wird:

a) primär,
b) sekundär, frühdiagenetisch,
c) sekundär, epigenetisch, prätektonisch,
d) sekundär, epigenetisch, synposttektonisch.

Für jede der Entstehungstheorien gibt es eine Reihe wichtiger Kriterien, und es ist nach wie vor die Genese der Zechsteinhartsalze noch nicht eindeutig geklärt, und die Diskussion und Forschung sind im Fluß.

Es ergeben sich derzeitig immer mehr Hinweise, daß vermutlich verschiedenen Hartsalztypen eine unterschiedliche Genese zukommt und die einzelnen Theorien nicht absolut aufgefaßt und verallgemeinert werden dürfen.

KRULL bringt in der o. a. Arbeit viermal „handgreifliche Beweise", die aber als solche in seinen Ausführungen nicht zu erkennen sind.

Eigenartig mutet KRULLS Stil an, wie nachfolgende Zitate beweisen sollen:

„Wenn versucht werden sollte, mit dem widerspruchsvollen, noch nicht völlig geklärten Feststellungen am Kaspischen See die deutschen Kalivorkommen zu deuten, so ist dem unbedingt mit Schärfe entgegenzutreten."

„Mit großer Genugtuung habe ich auf der Tagung gehört, daß man im allgemeinen nicht eine primäre Bildung unserer Kalilager annimmt."

„Der sich im Liegenden des Salzlagers befindliche Anhydrit ist ursprünglich als Gips abgeschieden. Eine andere Möglichkeit gibt es nicht."

„Es erscheint in Angesicht der Gefahr, die mit der Deutung der Karabugas-Ablagerungen heraufzieht, geboten, jene beiden Lehren wirkungsvoll zurückzuweisen."

Gerade das letzte Zitat beweist, wie sich KRULL nicht ernsthaft mit der Frage der Erforschung der Kalisalzlagerstätten auseinanderzusetzen versucht, sondern ein Dogma verficht.

Seltsam ist auch seine drastische Darlegung des „Salzbreies", mit dessen Hilfe auch die salztektonischen Verhältnisse erklärt werden.

Das von KRULL „durch Zusammenwirken von Wissenschaft und Technik, Theorie und Praxis" aufgefundene Sylvinitlager mit 20% K_2O auf der Grube „Einigkeit I" bei Fallersleben hat offensichtlich nichts mit Metamorphose zu tun. Zu den früher dort abgebauten Staßfurt-Carnallit-Gesteinen („Karnallit" bei KRULL) wurde das Flöz Ronnenberg (Zechstein 3) gefunden, wofür nicht die Klärung genetischer und fazieller, sondern tektonischer Verhältnisse ausschlaggebend ist! LÖFFLER

Autorenkollektiv unter Leitung von STRACHOW, N. M.

Bauxite, ihre Mineralogie und Genese

Moskau, 1955 1. Auflage, 1958 2. Auflage

Der Sammelband über die Bauxite, ihre Mineralogie und Genese wurde nach den Beschlüssen der Beratung über die Entstehung der Bauxite (1955 in Moskau) zusammengestellt.

Die Beratung verlief unter dem Vorsitz des Akademikers N. M. STRACHOW. Die Mehrzahl der Geologen betrachtete die Bauxite als sedimentäre Bildungen, und nur wenige vertraten ihre hydrothermale Entstehung.

Zur Mineralogie der Bauxite nimmt S. J. BENESLAWSKI Stellung. Al_2O_3 geht in folgende Minerale ein: Diaspor, Boehmit, Gibbsit, Korund, Halloysit, Allophanit, die Kaolinitgruppe, Hydroglimmer u. a.

Die Assoziation dieser Mineralien bestimmt die genetischen Typen der Bauxite. So z. B. ist der Diaspor hauptsächlich in geosynklinalen Lagerstätten gesteinsbildend. Boehmit stellt eine metastabile Modifikation dar und ist typisch für schwach kristalline Bauxite. Gibbsit ist sowohl als amorphe als auch kristalline Modifikation bekannt. Kaolinit ist in gut kristallinen Bauxitvarietäten anzutreffen.

Es sind keinerlei Gesetzmäßigkeiten im SiO_2-Gehalt, weder in bezug auf die anderen im Bauxit enthaltenen Komponenten noch in bezug auf irgendwelche geologische Bedingungen, zu bemerken.

Sulfide und Sulfate sowie der Hämatit sind gewöhnlich an Geosynklinalgebiete, Geothit dagegen an karbonatische Bauxite der Tafeln gebunden.

Ca ist im Bauxit in recht unterschiedlicher Menge vorhanden; Ti, S, P, Na und K sind nur in unbedeutender Menge im Bauxit enthalten. Die Ablagerung von Bauxiten verlangt Reduktionsverhältnisse und ein neutrales bis schwach saures Medium.

Nach A. D. ARCHANGELSKI sind Bauxite marine oder limnische Bildungen, die sich als chemische Niederschläge absetzen.

Nach J. K. GORJASKI fand Bauxitbildung beginnend mit dem oberen Proterozoikum statt. Die größten Bauxitprovinzen sind devonischen, karbonischen, kretazischen und tertiären Alters (Paläogen). Die Verteilung der Lagerstätten ist stark von tektonischen Bedingungen abhängig. Daneben haben die klimatischen Verhältnisse eine nicht geringere Bedeutung.

Für Bauxitlagerstätten in stabilen Teilen von Tafeln ist typisch, daß sie durch Erhebungen, deren Bildung der Vererzung vorausging, bestimmt werden. Die Bauxitablagerungen bilden sich entweder an den Hängen dieser Erhebungen oder in kleinen Depressionen, die an diese Erhebungen gebunden sind. Für die Verteilung der Bauxitlagerstätten ist der strukturelle Bau des Liegenden der Lagerstätte ebenfalls von entscheidender Bedeutung. Die Bauxite sind an buntfarbene umgelagerte Verwitterungsrinden gebunden.

Bauxitlagerstätten, die sich auf nichtstabilen Teilen von Tafeln befinden, sind an den Rand von Absenkungszonen gebunden, wobei sie mit kohleführenden Partien vergesellschaftet sind.

Bauxitlagerstätten der Geosynklinalgebiete sind an karbonatische und an karbonatisch-schiefrige Gesteine gebunden und in den Randgebieten der Geosynklinale entwickelt.

M. N. JAKOWLEWA betrachtete die Geochemie des Al, Ti, Fe und Si unter zwei verschiedenen geochemischen Bedingungen: einmal bei der Verwitterung von sulfidischen Lagerstätten ohne Beteiligung von organischen Stoffen und zum anderen in Alauntorfen bei aktivem Einwirken des Sumpfbiokomplexes.

G. J. BUSCHINSKIJ unterteilt die Bauxitlagerstätten in drei Gruppen:

1. Laterite oder Restlagerstätten,
2. sedimentäre — kontinentale Lagerstätten,
3. sedimentäre Karst — kontinental — marine Lagerstätten.

Nach Meinung des Autors bildeten sich Bauxite bei feuchtwarmem Klima. Ihre Bildung ist auch bei gemäßigt warmem Klima nicht ausgeschlossen. Von den geologischen Bedingungen sind die Bindung an Karbonate und andere quarzfreie bzw. quarzarme Gesteine in Geosynklinalablagerungen am wichtigsten. Besonders aussichtsreich sind transgressive Serien. Auf Tafeln sind vorwiegend kontinentale Bauxite anzutreffen. Ihre Suchmerkmale entsprechen denen, die von J. K. GORJASKI aufgezeigt wurden.

Des weiteren werden von verschiedenen Autoren einzelne Bauxitlagerstätten beschrieben, darunter die größten Lagerstätten der UdSSR wie in den östlichen Sajanen, die devonischen Bauxite des Salair, die alte laterite Verwitterungsrinde in der Nordonega, im Moskauer Gebiet, den Karpaten, der Ukraine, des Urals, des Jenisseigebirges und des Vorjenisseigebietes. A. LÄCHELT

REICHENBACH, R. & G. SCHMIDT

Ergebnisse bei reflexionsseismischen Untersuchungen über Tage im Spateisensteinrevier des Siegerlandes

Vortrag vor der European Association of Exploration Geophysicists, 16th Meeting, München, Mai 1959. Engl. u. deutsch. Herausgegeben von der Seismos, Hannover.

Die seit der La-Tène-Zeit (um 500 v. Chr.) bereits bekannten und auch von den Römern genutzten Spateisenlagerstätten des Siegerlandes enthalten einen manganhaltigen Siderit, der ein begehrtes Ausgangsprodukt für die Herstellung von Spezialstählen ist. Die zu vorwiegend NNO-streichenden Gangzügen angeordneten unregelmäßigen Gänge liefern einen Spateisenstein mit 30—32% Fe, 6—7% Mn und 18—20% SiO_2.

Von den z. T. in Betrieb befindlichen 9 Gruben haben bereits 4 die Teufe von 1000 m überschritten. 3 Reservegruben sind bereits bis zu 500—700 m Tiefe bebaut worden. Umfangreiche bergmännische Untersuchungsarbeiten, bei denen rd. 71 km Strecken aufgefahren wurden, hatten bisher wenig Erfolg und ergaben, daß außerhalb der bekannten Gangzüge neue bauwürdige Vorkommen nur in ganz geringem Umfang festgestellt werden konnten. Geophysikalische Untersuchungen entsprachen trotz erfreulicher Einzelerfolge nicht den gehegten Erwartungen, weil die physikalischen Unterschiede zwischen Nebengestein und Lagerstätte viel zu gering sind.

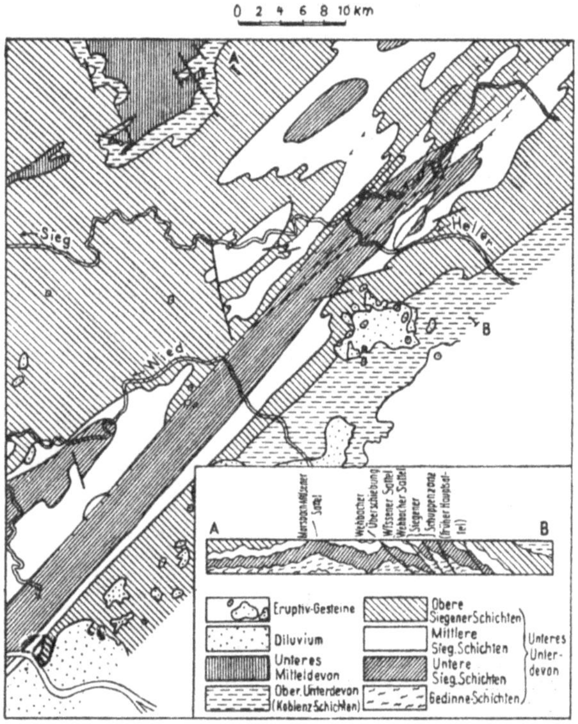

Im Jahre 1958 durchgeführte reflexionsseismische Untersuchungen hatten überraschende Ergebnisse über den tieferen Untergrund. Nach refraktionsseismischen Messungen war eine Tiefenschicht mit der relativ hohen Fortpflanzungsgeschwindigkeit von 6,5 kg/sec in Teufen ab 2 km zu erwarten. Durch die reflexionsseismischen Untersuchungen sollte versucht werden, Tiefenlage und Struktur des vermuteten Plutons festzustellen, um dem Bergbau Anhaltspunkte für künftige Erkundungsarbeiten geben zu können.

Die seismischen Profile lassen den Faltenbau der silurischen und devonischen Schichten bis zu etwa 6000—8000 m Tiefe vermuten. Die frühere Auffassung eines einfach aufgewölbten Siegener Hauptsattels ist durch eine Deutung als Schuppensattel zu ersetzen, wie er in der Abb. gezeichnet ist.

Dann folgt eine 2000—4000 m mächtige Zone mit sehr wenigen Reflexionen, bis schließlich in Tiefen von etwa 10000 m zahlreiche und klar ausgeprägte Reflexhorizonte auftreten, die bis zu annähernd 25000 m anhalten. Es ist bemerkenswert, daß senkrecht über den mehr oder weniger stark hochgeschleppten Enden der ausgeprägten Tiefenreflexionen, an denen man Störungen vermuten muß, im Bereich der altpaläozoischen Schichten auf etwa 1—2 km Breite korrelierbare Reflexionen fast fehlen. In diesen Zonen setzen jedoch die Gangzüge auf, die z. T. schon über 1000 m Tiefe durch den Abbau verfolgt sind. Möglicherweise wird durch diese Beobachtung eine Beziehung des Auftretens von Gangspalten im Oberflächenbereich zur Struktur des tieferen Untergrunds aufgedeckt.

Es muß allerdings auch darauf hingewiesen werden, daß man die eigenartig hochgeschleppten Tiefenreflexionen zu einer glatten Lage reduzieren kann, wenn man oberhalb der vermuteten Bruchzonen Plutone mit erhöhter Geschwindigkeit und entsprechender Form annimmt. Damit würde auch eine plausible Erklärung für das Fehlen längerer Reflexionshorizonte zwischen 8000 und 10000 m gegeben sein. Auch den geologischen Vorstellungen würde das Auftreten lakkolithischer granitischer Körper am besten entsprechen. Man kann gespannt sein, ob sich bei weiteren Untersuchungen noch klarere Erkenntnisse werden gewinnen lassen.

Durch Versuch war festgestellt worden, daß je Schußpunkt eine Ladungsstärke von 150 kg Sprengstoff erforderlich war. Diese starke Ladung wurde auf mindestens 6 Bohrungen von 13—15 m Tiefe verteilt. Es waren also etwa 90 m Bohrung mit 80 mm Durchmesser notwendig. Mit gutem Erfolg wurden zur Herstellung der Schurfbohrlöcher 4—5 mit Preßluft betriebene Stenuick-Schlaghammergeräte eingesetzt. H. REH

Anleitung für die Anwendung radioaktiver Isotope zur Untersuchung von Erdöl- und Erdgasbohrungen

Gostoptechisdat, Moskau 1958. 50 S.

In dieser von A. A. KORSHEV, D. M. SREBRODOLSKIJ und M. L. ZELENSKAJA zusammengestellten Anleitung ist in gedrängter, aber für praktische Zwecke ausreichend ausführlicher Form alles zu finden, was der Bohr- und Förderingenieur sowie der Leiter eines für radiometrische Messungen eingesetzten Bohrlochmeßzuges über die Anwendung radioaktiver Isotope zur Untersuchung von Tiefbohrlöchern wissen muß.

Die Verwendung radioaktiver Isotope erstreckt sich auf die Kontrolle der Zementation (Höhe des Zementkopfes sowie Untersuchung von Form und Zustand der Zementschicht hinter der Verrohrung), die Lokalisierung von Spülungsverlusten in unverrohrten bzw. von Leckstellen in verrohrten Bohrungen und die Kontrolle von Hydrofrac- und Säurebehandlungen des Gebirges. Nach einer kurzen Einführung in die Maßsysteme, die zur Bezeichnung der Aktivität bzw. Strahlungsintensität Verwendung finden, einem Überblick über die wichtigsten kurzlebigen gammastrahlenden Isotope sowie die einfachsten Berechnungen folgen Anweisungen für alle Arbeitsvorgänge bei der Anwendung von Isotopen zu den beschriebenen Zwecken, angefangen von der Bereitung der radioaktiven Lösung bis zur Beschriftung der erhaltenen radiometrischen Bohrlochmeßkurven.

Der größere Teil der Anleitung ist naturgemäß den Strahlenschutz- und Arbeitsschutzvorschriften gewidmet, wobei der biologischen Wirkung radioaktiver Strahlung (maximal zulässige Tages- und Wochendosis), der Beseitigung radioaktiver Abfälle bzw. Verseuchungen und den Problemen des Transportes und der Lagerung kurzlebiger radioaktiver Isotope besondere Aufmerksamkeit zukommt.

In sieben Anlagen werden Formblätter für Lagerbücher, Bestellung radioaktiver Präparate, Protokoll über durchgeführte Arbeiten (Verbleib des Isotops) usw. gezeigt.

Diese Anleitung schließt eine bisher bestehende Lücke und verdient auch für die Erdölerkundung der DDR, bei der in zunehmendem Maße Radioisotope verwendet werden, großes Interesse. K. LEHNERT

GIBBON, A.
Carbon dioxide gas increases oil output

„World Oil", August 1, 1959, Vol. 149, Nr. 2, S. 100—102

In einem Feld in Oklahoma wurde mit Wasser geflutet, das mit CO_2 versetzt wurde. Es handelt sich um einen Speicher im Barthesville-Sandstein in 1300 Fuß Tiefe bei 33 Fuß Mächtigkeit. Porosität ist 18%, Permeabilität gegen Luft 50 md, $S_o = 32\%$, $S_w = 41\%$. Die Injektionsbohrung ist verrohrt mit $2^1/_2$ Zoll und hat einen $^3/_4$-Zoll-Tubingstrang. Wasser wird im Ringraum eingepreßt, Gas in die Tubings. Dadurch wurde die Wirksamkeit des Wasserflutens erhöht. Der Sand nimmt mehr Wasser auf. Die Produktionsrate erhöhte sich um 2000 Barrels je Monat. MEINHOLD

CURRY, M. E.
Buffalo Petroleums experience with sonic log applications

Oil and Gas J., Vol. 57 (1959), No. 32, S. 73—77, 5 Abb.

Nach einer kurzen Einführung in die Methode nebst Berechnung der notwendigen Sondenlängen wird über Experimente mit dem Akustiklog berichtet. Es wurden in derselben Bohrung Kaliber-, Gamma-, Neutronen- und Akustiklog-Messungen gemacht, und zwar mit Zweiempfängeranordnungen verschiedenen Abstandes und Einempfängersonden, ebenfalls mit verschiedenen Sender-Empfänger-Entfernungen. Dazu wurde die Porosität an Kernproben durchgehend gemessen. Die verschiedenen Kurven zeigen typische Besonderheiten. Das Auflösungsvermögen wächst mit abnehmendem Sondenabstand, aber die Korrelierbarkeit nimmt ab. Für seismische Interpretation sind Einempfängeranordnungen besser. Der Autor schlägt vor, nur 3-Empfänger-Sonden zu benutzen, welche gleichzeitig 4 verschiedene Kurven aufzeichnen können. Mit dieser Anordnung würden Korrelation, Interpretation und Porositätsbestimmungen sehr verbessert. Weitere praktische Aufgaben sind: Prüfung des Zements hinter den Rohren, Zementkopfbestimmung, Lokalisierung von klüftigen Zonen.

MEINHOLD

GREEN, B. Q.
New tests show which lost circulation materials to use and how to use them:

Teil I: Oil and Gas, Vol. 57, Nr. 10, March 2, 1959, pp. 110—115; Teil II: Oil and Gas, Vol. 57, Nr. 11, March 9, 1959, pp. 170—173

Spülungsverluste an Dickspülungen können an verschiedenen Gesteinsformationen auftreten:

1. In Zonen mit hoher Permeabilität (ca. 3—4 Darcy). Dieses sind zum größten Teil Formationen, die aus unverfestigten Sanden und Kiesen bestehen.

2. In Gesteinen, die Kavernen und Hohlräume führen, wie Dolomite und Kalke.

3. In Formationen mit Brüchen und Verwerfungen.

Es werden verschiedene Laborversuche beschrieben, bei denen Materialien angewandt werden wie feiner Glimmer, zerrissenes Leder usw.

1. Kügelchen-Test. Die Versuche werden in einem angegebenen Spezialzylinder unter Verwendung von einem Bett von Kügelchen verschiedener Durchmesser als permeable Zone durchgeführt. Als abdichtende Materialien konnten mit Erfolg zerrissenes Leder, feiner + grober Glimmer, Schilf-, Holzfasern und Flachs verwandt werden.

2. Versuche in einer Apparatur mit paralleler Öffnung. Bei diesem Versuch erwiesen sich als geeignet für feinere Öffnungen: zerrissenes Leder und feiner Glimmer. Ausgezeichnete Ergebnisse zum Verschluß für größere Öffnungen ergaben Walnußschalen, die jedoch wesentlich stärkere Spülpumpen erfordern.

3. Versuche mit einer Apparatur mit keilförmiger Öffnung. Verwandt wurden dieselben Materialien wie oben aufgeführt. Als bestes Verschlußmittel erwies sich eine Mischung von Zedernholzchips und Schilffasern.

In beiden Artikeln sind die Versuchsanordnungen ausführlich beschrieben. Die Ergebnisse sind sowohl bildlich wie auch tabellarisch dargestellt. E. P. MÜLLER

Spezialzement für Tiefbohrungen
(Eine neue sowjetische Entwicklung)

„PETROLEUM", Sept. 1959, S. 318

Im Erdölgebiet von Grosny konnte ein aus Quarzsand und Hochofenschlacke zusammengesetzter Spezialzement entwickelt werden, der besonders bei den in Bohrungen von über 4000 m Tiefe auftretenden Verhältnissen bessere Abbindeeigenschaften aufweist als der bisher für Bohrlochzementationen verwendete Portlandzement.

Nach den Versuchen, die im Laboratorium des Erdölfeldes durchgeführt wurden, schwankt die Abbindezeit des Schlackensand-Zementes bei 150—200° Reaktionswärme und 500—700 at Druck je nach dem Quarzsandanteil von wenigen Minuten bis 24 Stunden. Die Zemente der verschiedenen Mischungen aus Quarzsand und Hochofenschlacke erreichen nach 48stündiger Standzeit höhere Festigkeiten, als nach den GOST-Normen für Bohrlochzemente gefordert werden.

Der Schlackensandzement ist gegen aggressive Wässer widerstandsfähiger als Portlandzement. Außerdem wird die Fließeigenschaft des Zementbreies auch bei längerer Einwirkung hoher Temperaturen und Drücke nicht beeinflußt.

Damit bringt die Verwendung von Schlackensandzement eine wesentliche Verbesserung der Technologie der Bohrlochzementation. ODER

EDMISTEN, E. O.
Down-hole plastic pipe installations drew interest

„World Oil", Juli 1959, S. 91—92.

Rohre aus Plasten werden schon mehrfach als Tubings verwendet. Es handelt sich um Rohre, die durch Glasfasern, synthetische Fasern, Sisal oder andere Fasern gehärtet sind. Auf diese Weise können die Rohre nicht nur größere Drücke aufnehmen, sie halten auch eine größere Längsbeanspruchung aus. Die Arbeit enthält Berechnungsbeispiele und Festigkeitszahlen. Mit Vorteil können solche Rohre verwendet werden in Sonden mit stark korrosiven Medien und geringer Tiefe, also z. B. für Salzwassersonden und Einpreßsonden für Wasserfluten, Süßwasserbohrungen, auch für Pumpsonden auf Öl bis 1000 Fuß Tiefe. Um die nötige statische Festigkeit zu erreichen, wird in den Ringraum dieser Sonden eine Flüssigkeit, z. B. Dieselöl, eingebracht, so daß eine mehr oder weniger ausbalancierte Säule entsteht.

MEINHOLD

WOLDSTEDT, PAUL

Das Eiszeitalter. — Grundlinien einer Geologie des Quartärs

Band II: Europa, Vorderasien und Nordafrika im Eiszeitalter. — 2., völlig neu bearbeitete Auflage. 438 S., 125 Abb., 1 Taf., 24 Tab. — Stuttgart (F. Enke) 1958. — Leinen DM 69,—

Für die Übersicht des gebotenen umfassenden Materials erscheinen dem Ref. die 24 synoptischen Tabellen besonders wertvoll. Sie machen es möglich, die einzelnen regionalen Erscheinungen zeitlich zu parallelisieren. Dabei wird für die einzelnen Gebiete zunächst die lokale Gliederung gegeben (also z. B. für Norddeutschland die bekannte Dreizahl: Elster-, Saale-, Weichsel-Vereisung), und dann wird diese lokale Gliederung der im folgenden zu besprechenden allgemeinen Gliederung gegenübergestellt.

Die neueren Forschungen haben ergeben, daß die eigentlichen Vereisungen innerhalb des Quartärs, global gesehen, nur ein Phänomen von örtlich beschränkter Bedeutung sind, daß aber der kennzeichnende Temperaturunterschied fast über die ganze Erde hin seine Spuren hinterlassen hat. Der Verf. tritt daher auch hier wieder dafür ein, daß in der Großgliederung nicht Eiszeiten bzw. Vereisungen und Interglaziale unterschieden werden, sondern Kalt- und Warmzeiten.

In dem uns am nächsten liegenden Norddeutschland ist man bisher mit drei Eiszeiten und zwei Interglazialen ausgekommen, die man mit den jüngsten alpinen parallel gestellt hat. Es hat jedoch den Anschein, als ob es dabei nicht bleiben könne; bestimmte Beobachtungen lassen sich in dieser Gliederung kaum unterbringen. Im alpinen Gebiet gibt es z. Z. noch wenig deutliche Anzeichen zweier älterer Kaltzeiten vor Günz. In der Umrandung des nordeuropäischen Vereisungsgebietes sind sie wesentlich deutlicher zu erkennen.

Über das Quartär zwischen Elbe und Ural gibt die Tabelle 7 Auskunft. Nach dem Stand der Kenntnisse müssen hier Günz-Kaltzeit und Vorgünzzeit noch recht summarisch behandelt werden. Bemerkenswert erscheint dabei dem Ref. daß der Posener Ton zum Pliozän gestellt wird. Das gleiche Alter wird übrigens auch den Kieseloolithschottern des Rheingebietes zugebilligt, eine Datierung, die für die in Nordsachsen, Brandenburg und Mecklenburg häufig anzutreffenden Silizifikate führenden Quarzkiese und -sande, und damit für die Grenze Pliozän/Pleistozän, von erheblicher Bedeutung ist.

Im ganzen eine außerordentlich wichtige Neuerscheinung der deutschen Quartärliteratur. —M—

	Kaltzeiten	Warmzeiten	
Quartär		Postglazialzeit	Jung- (oder Ober-) Pleistozän
	Würm-Kaltzeit (in Norddeutschland: Weichsel-)		
		Eem-Warmzeit	
	Riß-Kaltzeit (in Norddeutschland: Saale-)		
		Holstein-Warmzeit	Mittel-Pleistozän
	Mindel-Kaltzeit (in Norddeutschland: Elster-)		
		Cromer-Warmzeit	
	Günz-Kaltzeit (in Norddeutschland noch nicht nachgewiesen)		
		Waal-Warmzeit (in den Niederlanden nachgewiesen)	Alt- (oder Unter-) Pleistozän
	Eburon-Kaltzeit (in den Niederlanden; im alpinen Raum: Donau-?)		(Einzelgliederung oft nicht möglich, daher zusammengefaßt als = Villafranca im weiteren Sinne)
		Tegelen-Warmzeit	
	Brüggen-Kaltzeit (in den Niederlanden; im alpinen Raum; Biber-?)		
Pliozän			

HOFFMANN, D.

150 Jahre Tiefbohrungen in Deutschland

Erdölzeitschrift, 75. Jg. (1959), H. 10, S. 365—408

Der Autor bringt eine ausführliche Übersicht über die Entwicklung des Tiefbohrwesens in Deutschland. Er würdigt vor allem die Tätigkeit der einzelnen Ingenieure, die das Bohrwesen in Deutschland aufbauten bzw. förderten. Nur auf 5 Seiten der umfangreichen historischen Arbeit wird die Entwicklung der Tiefbohrtechnik in den letzten 25 Jahren behandelt. E.

BRONSOW, A. S. & A. P. SMIRNOW

Das Abteufen geneigter Bohrungen

Gostoptechisdat, Moskau 1958

In vorliegendem Buche ist die Erfahrung beim Niederbringen geneigter Bohrungen in der Sowjetunion und in anderen Ländern verallgemeinert. Es werden das Bohrwerkzeug, das Gerät und die Methoden des orientierten Einbaus und der Neigungsmessung und die Technologie des Abteufens geneigter Bohrungen durch Turbinenbohren und durch Rotarybohren beschrieben.

Geneigte Bohrungen werden niedergebracht, um im Bohrloch verbliebene Teile zu umgehen, um Objekte unter großen Gebäuden oder Fabriken zu erbohren, um vom Ufer aus Bohrungen unter dem Meer, unter Seen oder Flüssen abzuteufen, um Schichten zu erbohren, die sehr steil aufgerichtet und durch senkrechte Bohrungen schwer zu treffen sind, um Öleruptionen oder Brände zu liquidieren und um Bohrungen auf Objekte unter Salzüberhängen niederzubringen. Eine besondere Bedeutung hat das Abteufen gerichteter Bohrungen beim Niederbringen mehrerer Löcher (zwei oder drei) gleichzeitig mit einem Gerät. Da hierbei der Ausbau des Gestänges aus dem Loch mit dem Einbau in das andere gekoppelt wird, ist diese Methode billiger und rentabler als das Abteufen senkrechter Bohrlöcher, besonders in solchen Gebieten, wo der Umbau durch das Gelände sehr erschwert wird. Beim Turbinenbohren erreicht man die Neigung des Bohrloches durch die Verwendung gebogener Gestängerohre oder durch die Verwendung abgeschrägter Übergänge. Beim Rotarybohren verwendet man zum Ablenken der Bohrung den Whipstok, den Scharnierablenker und den selbstorientierenden Ablenker Driftmaster. Der vollkommenste von ihnen, der Driftmaster, ist ein verhältnismäßig kompliziertes Gerät. Schon das allein zeigt den Vorteil des Turbinenbohrens bei gerichteten Bohrungen. Außerdem ist beim Turbinenbohren der Verschleiß an Gestänge bedeutend geringer und die vorgesehene Richtung sicherer zu erreichen, abgesehen davon, daß die Bohrgeschwindigkeiten hierbei viel größer sind.

Von den Autoren des Buches wird das Fazit aus den Erfahrungen des Abteufens geneigter Bohrungen in den verschiedenen Gebieten der UdSSR (Turbinenbohren) und in anderen Ländern (Rotarybohren) gezogen. Dabei stellt sich heraus, daß das gleichzeitige Bohren zweier Löcher mit der Turbine billiger ist als das Abteufen von zwei senkrechten Bohrungen (so kostet z. B. in Aserbaidshan ein Bohrmeter im ersten Falle 439,5 und im zweiten 519,8 Rubel durchschnittlich). In den USA dagegen, die auf dem Gebiet des geneigten Rotarybohrens führend sind, sind die Bohrmeter der senkrechten Bohrungen immer noch billiger.

Durch die Anwendung des Turbinenbohrers ist das Abteufen gerichteter Bohrungen zu einer Leichtigkeit und Selbstverständlichkeit geworden. Deshalb erhöhte sich in der UdSSR in den letzten Jahren sprunghaft ihre Zahl. WEGERT

AMSTUTZ, G. C.

Die genetische Bedeutung der Begriffe hydrothermal und Verdrängung

Einem Artikel über das obige Thema, der auf der Jahrestagung 1959 des Institute on Lake Superior Geology der Universität von Minnesota in Minneapolis vorgetragen wurde, gibt G. C. AMSTUTZ (Missouri Scholl of Mines, Rolla Mo.) folgende Zusammenfassung:

Der Begriff hydrothermal ist in recht verschiedener Weise definiert worden, je nach den geologischen und erzgenetischen Ansichten der ihn verwendenden Wissenschaftler. Ein Querschnitt durch viele in den letzten 150 Jahren gegebene Definitionen des Begriffes hydrothermal zeigt, daß praktisch alle Autoren hydrothermale Lösungen oder Flüssigkeiten als hypogen auffassen; die meisten nehmen magmatischen Ursprung an. Viel Meinungsverschiedenheit und Verwirrung besteht jedoch hinsichtlich des syngenetischen oder epigenetischen Charakters hydrothermaler Ablagerungen und Prozesse.

Es wird dargelegt und vorgeschlagen, daß dem Begriff hydrothermal nicht von vornherein die Nebenbedeutung von „epigenetischem Ursprung" gegeben werden sollte. Hydrothermal ist ein physiko-chemischer Begriff, der auch hypogenen Ursprung einschließt; aber er setzt keinerlei zeitliche Bestimmung voraus. Hydrothermale Vererzungen, Ablagerungen, Umwandlungen usw. können epigenetisch oder syngenetisch sein (autohydrothermale Prozesse, Ausströmungen usw.). Hydrothermaler Charakter ist also an sich kein Beweis für epigenetischen Ursprung.

Ziemlich das gleiche kann über den Begriff „Verdrängung" (replacement) gesagt werden. Dieser Begriff ist in der Vergangenheit ein etwas magisches Wort gewesen und oft ungenau als Synonym für Epigenese gebraucht worden. Epigenetische Verdrängung ist möglich und findet statt. Sie erfordert jedoch weit mehr Voraussetzungen als syngenetische Verdrängung. Auch ist in vielen Fällen die Annahme einer Verdrängung nicht gerechtfertigt, da bloße gleichzeitige Kristallisation eine physiko-chemisch und geometrisch vernünftige Ursprungserklärung liefern kann. Es muß also hinsichtlich dieses Begriffes gesagt werden, daß eine Kompositionsänderung in die Bildungszeit eines Gesteins fallen kann und dann als syngenetisch zu klassifizieren ist. Beispiele sind im Überfluß vorhanden: so etwa autohydrothermale Umwandlungen in vulkanischen Gesteinen, welche oft während der Diagenese stattfinden. Verschiedene geometrische und geochemische Kriterien, die sich aus den Kupferlagern vom Lake Superior, den Lagern des Mississippi-Tals und anderen Erzlagern ergeben haben, werden verwendet, um die genetische Bedeutung der Begriffe hydrothermal und Verdrängung zu illustrieren. H. HAVEMANN

Nachrichten und Informationen

Geologie im Siebenjahrplan

Im Gesetz über den Siebenjahrplan der DDR heißt es im Absatz über geologische Erkundungen:

„Die geologische Erkundung ist beschleunigt zu entwickeln. Schwerpunkte sind die Erkundung von Erdöl und Erdgas. Daneben sind den Erfordernissen entsprechend die Erkundungen nach Kali, Kupfer und Eisen systematisch zu erhöhen.

Die gesamte Bohrmeterleistung ist gegenüber den vorangegangenen sieben Jahren auf das 3,7fache zu steigern. Hierzu ist der Bohrgerätepark um etwa 160 moderne Bohrgeräte und etwa 350 Bohrturbinen zu ergänzen.

Rund die Hälfte der gesamten Bohrmeterleistung muß sich auf die zielstrebige Erhöhung der Erdöl- und Erdgaserkundung konzentrieren. Es ist eine Vorratsbasis zu schaffen, die spätestens im Jahre 1965 eine Erdölförderung von mindestens 1 Mio t und eine schnelle Erhöhung der Erdgasförderung sichert.

Für den Kalibergbau ist die Vorratsbasis der vorhandenen Gruben entsprechend der Zunahme der Förderung zu erweitern und eine neue abbauwürdige Lagerstätte im Nordwesten der DDR zu erkunden.

Für den Kupfererzbergbau sind im Raum Sangerhausen und in anderen Gebieten neue Vorräte zu erkunden."

Vorrangig soll die Energiewirtschaft entwickelt werden. Durch die Erweiterung bestehender und den Aufschluß neuer Tagebaue sind zusätzliche Förderkapazitäten für 116 Mio t Rohbraunkohle zu schaffen. Bis 1965 soll im Kombinat „Schwarze Pumpe" eine Jahreserzeugung von 5,7 Mio t Briketts erreicht werden. Es sind neue Kraftwerkskapazitäten mit einer Gesamtleistung von 6500 MW zu installieren. Die Erzeugung von Elektroenergie ist von 34,9 Mrd. kWh im Jahre 1958 auf 63 Mrd. kWh im Jahre 1965 zu erweitern. Die Gaserzeugung wird sich von 3,1 Mrd. m^3 im Jahre 1958 auf 5,8 Mrd. m^3 im Jahre 1965 erhöhen.

Die Förderung von Kupfererz wird auf 147% des Standes von 1958 erweitert. Der Aufbau des Kupferbergwerkes Niederröblingen wird bis 1965 beendet werden. Die Zinkhütte Freiberg wird 1961, die Nickelhütte St. Egidien 1960 in Betrieb genommen werden. Bis zum Jahre 1965 ist außerdem die Produktion von Magnesium neu aufzunehmen. E.

Erdöl/Erdgas

Aus den bayerischen Erdöl/Erdgasfeldern

Auf dem Feld Heimertingen bei Ulm wird aus den bis zu 9 m mächtigen Bausteinschichten der Molasse gefördert. Die Produktion des Feldes beträgt 1000 moto mit einem Gasölverhältnis von 1 : 4. Die Lagerstätte besitzt einen schwachen Randwassertrieb und eine geringe Lagerstättenenergie, so daß das Rohöl gepumpt werden muß. Besondere Bohrschwierigkeiten ergaben sich wegen des hohen Meißelverschleißes beim Durchsinken der Schotter und Kiese der Molasse.

Das Erdölfeld Ampfing ist an die antithetische Ampfing-Isener Störung gebunden. Ölführende Horizonte sind der Ampfinger Sandstein und die Lithothamnienkalke. Die Gesamtförderung des Feldes beträgt 150 bis 160 m^3/d. In seinem Westteil liegt ein Gasölverhältnis von 40 bis 80 : 1 vor, das im Osten bis auf 2000 : 1 ansteigt. Wegen des hohen Paraffingehaltes des Rohöls müssen die Sonden jeden zweiten Tag durch Spiralschaber bis zu einer Teufe von 400 m gekratzt werden.

Die ebenfalls an die Ampfing-Isener Störung gebundenen Erdgasfelder Isen, Weitermühlen, Steinkirchen und Schnaupping haben eine Tagesförderung von 0,2 bis 0,3 Mio Nm^3 schwefelfreien Gases. Die Schwefelfreiheit gestattet die Entspannung des Gases auf den Leitungsdruck unmittelbar über dem Förderhorizont. Hierzu werden sog. Hydril- bzw. Oatis-Stopfen mit 3—5-mm-∅-Düsen verwendet, die im Tubing montiert sind und sich von über Tag ein- und ausbauen lassen. E.

Organisationsform der italienischen Erdöl/Erdgasindustrie

Die wichtigsten Tochterunternehmen der Staatlichen ENI (Ente Nazionale Idrocarburi) sind:

AGIP MINERARIA (Azienda Generale Italkano Petroli): Aufsuchen und Erschließen von Erdöl- und Erdgaslagerstätten, Entgasolinierung;

SNAM (Società Nazionale Metanodotti): Transport von Erdöl, Erdgas und deren Produkten;

AGIP NUCLEARE: Erzeugung und Nutzbarmachung von Kernenergie;

AGIP: Verkaufsgesellschaft der ENI;

ANIC (Azienda Nazionale Italiano Concimi): Chemische Weiterverarbeitung von Erdöl und Erdgas. E.

Fortschritte in der brasilianischen Erdölerkundung

Nach der Züricher Zeitung vom 25. 7. 59 bildet Brasilien in eigenen Geologiekursen gegenwärtig in Bahia 47 einheimische Ingenieure aus. Weitere 18 Ingenieure studieren im Ausland. An der Universität in Brasilien führt die Petrobras einen eigenen Ausbildungskursus für Raffinerieingenieure durch. Im Mündungsgebiet des Sao Francisco glaubt man auf Grund von Erkundungsbohrungen sehr große Erdölfelder bei Alagôas und Sergipe entdeckt zu haben. „Das alles steht nicht fest, aber der brasilianische Optimismus ist unerschütterlich. Am Petroleummonopol des Bundes unter Ausschluß jeglicher Beteiligung von Privatkapital, geschweige denn ausländischem Kapital, ist heute weniger denn je zu rütteln." E.

Erdgas in den USA

Im Jahre 1957 erreichte der Absatz von Erdgas in den USA etwa 97% des gesamten Gasabsatzes. Bereits damals waren Kohlengas und ölkarboniertes Wassergas, die früher das Land mit „Stadtgas" versorgten, völlig in den Hintergrund gedrängt. $^2/_3$ der Erdgasproduktion stammt aus Gassonden, $^1/_3$ aus Begleitgasen von Erdölsonden. Aus 30 Gebieten sind Gasfelder bekannt, doch entfallen von der Erdgasgewinnung 80% auf einige südwestliche Staaten und Kalifornien. In Texas wird etwa 60% der gesamten Erdgasausbeute der USA gewonnen. Die geographische Lage der großen Erdgasfelder bedingt ein sehr ausgedehntes Fernleitungsnetz, das bedeutende Kapitalinvestitionen und Betriebsanlagen erfordert. Die Fernleitungen befinden sich im Besitz von einigen Pipeline-Gesellschaften, deren Hauptproblem die Anpassung der Gaslieferung an die Tages- und Saisonschwankungen ist. Die Spitzenlast wird daher durch Ersatz- und Zusatzgase (Flüssiggase, Kohlengase) oder durch Belieferung aus Untertagegasspeichern gedeckt.

Die amerikanischen Haushalte verbrauchten schon 1957 33,6% des gesamten Erdgasaufkommens, in erster Linie für die Raumheizung. E.

Radioaktive Erze

Uransuche in Westdeutschland

Nach dem gegenwärtigen Erkundungsstand sind 5 kleine Vorkommen mit zusammen kaum 250 t an sicheren Vorräten von Uranoxyd nachgewiesen: Weißenstadt im Fichtelgebirge mit rd. 70 t (sehr armes Erz, nur im Tiefbau gewinnbar), Wölsendorfer Flußspatgebiet in Ostbayern mit 30—40 t Vorräten von über 0,1% Uranoxydgehalt im Erz, Wackersdorfer Braunkohle in der Bayerischen Oberpfalz mit 40 t Vorräten, Tirschenreuther Granitmassiv (Ostbayern) mit 25—30 t Vorräten, Ellweiler (Rheinland-Pfalz) mit 60—80 t Vorräten. Dieses letztere Uranfeld befindet sich im Abbaustadium; es enthält Erze mit etwa 0,15% Uranoxyd in Form von Zeunerit führendem Porphyr.

Darüber hinaus gibt es mehrere ärmere Kleinlagerstätten und eine Anzahl aussichtsreicher Uranindikationen. Dazu gehören die Vorkommen im Schwarzwald, wo man allein in den Pecherz-Silber-Kobalt-Gängen der Grube Sophia etwa 100 t Uranoxydvorräte vermutet. Nordhessen ist ein geologisches Gegenstück zu den Vorkommen des Colorado-Plateaus in den USA mit Linsen von uranführenden Kupfererzen in sandsteingefüllten ehemaligen Wattenmeer-Wasserrinnen.

Bemerkenswert sind die Uranfunde in bayerischen Sedimenten; doch mußte die Erkundung nach beachtlichen Anfangserfolgen nach 1jähriger Dauer eingestellt werden. Der Arbeitskreis III/3 der Deutschen Atom-Kommission verweigerte die Mittel und will die bayerischen Schürfarbeiten auf die kristallinen Gebiete beschränken. E.

Argentinische Uranerze

Der Leiter der Geologischen Abteilung der Argentinischen Staatskommission für Atomenergie erklärte, daß sich die bisher in Argentinien festgestellten Vorkommen an Uranerzen auf 300000 t belaufen. Damit zähle Argentinien zu den ersten 10 Ländern der Welt, die über Vorräte an Uranerzen verfügen. Der durchschnittliche Urangehalt der argentinischen Erze beträgt 0,1%. Bisher sind von den 50 im Auftrage der Regierung arbeitenden Geologen 80000 km² des Landes auf uranhaltige Erzvorkommen überprüft worden. E.

Eisenerz

Aufschluß der Gifhorner Eisenerze

Seit März 1958 wird nordwestlich des Hüttenwerkes Salzgitter der Schacht „Conrad" abgeteuft. Mit ihm beginnt die Erschließung der sich bis über Gifhorn hinaus erstreckenden großen Eisenerzlagerstätte im Korallenoolith. Der Schacht hatte Anfang Oktober 1959 etwa eine Teufe von 1000 m erreicht. Seine Endteufe wird bei über 1200 m liegen. Von 1965 an sollen aus diesem Schacht täglich etwa 5000 t Erz mit 28—30% Fe und relativ hohem Kalkgehalt gefördert werden. E.

Nordskandinavische Erzreviere

Nördlich des 65. Breitengrades hat ein Wettlauf um die Aufschließung neuer Erzlagerstätten begonnen. Die Erzgesellschaft Boliden läßt großangelegte Schürfungen im norwegischen Gebiet nahe der Dreiländerecke (Norwegen, Schweden, Finnland) durchführen. Die Vorräte der im schwedischen Lappland lagernden Eisenerze wurden auf etwa 3 Mrd. t berechnet. Zu den Lagerstätten von Kiruna und Malmberg kamen kürzlich die großen Erzvorkommen von Svappavaara hinzu. Im Gebiet von Kautokeino erforschen Norweger, Schweden, Finnen und Angehörige von sieben weiteren Nationen neuentdeckte Eisenerz- und Kupfererzlagerstätten.

Östlich von Kiruna fand man große Vorkommen von Flinzgraphit. Südlich von Kirkenes entsteht das zweitgrößte Bergbaugebiet Skandinaviens. Im Juli 1959 begann die Förderung im neuen Eisenerzrevier von Kärväsvaara zwischen Kemi und Rovaniemi. 1960 werden die Uranerzlagerstätten bei Hutunvaara (im nördlichen Karelien) in Angriff genommen.

Die finnische Erzgesellschaft Outukumpu erhielt aus Westdeutschland eine Anleihe von 50 Mill. DM zur Aufschließung der reichen Erzvorkommen, die 1958 an den Ufern des Pyhäsalmi-Sees im nördlichen Finnland entdeckt worden waren. E.

NE-Erze

Weltmarkt für Wolframerz

Im Dezember 1955 erreichten die Wolframerzpreise auf den kapitalistischen Märkten ihren Höchststand mit 274 sh je Einheit und lg/t bei 66% WO_3. Im Mai 1959 war ein Tiefpunkt mit 84 sh erreicht. Bis zum Oktober des Jahres waren die Preise wieder auf etwa 135 sh gestiegen.

Die Weltproduktion (in lg/t zu 1016 kg) entwickelte sich folgendermaßen:

1951	51750	1955	84500
1952	63000	1956	84500
1953	73000	1957	75000
1954	73000	1958	63500

Das Absinken der Förderung war besonders ausgeprägt in Portugal und Burma, während gleichzeitig in China und Nord-Korea ein starker Anstieg stattfand. E.

Bleierze und Blei im Weltmaßstab [1])

Blei/Zinkerz-Vorkommen treten als Gänge oder Verdrängungslagerstätten auf. Der Hauptteil der Erzförderung stammt aus den ärmeren, aber an Vorräten bedeutend reicheren Verdrängungslagerstätten. Tagebaugewinnung ist nur sehr selten möglich.

Durch Flotation gelingt es, aus armen Blei/Zinkerzen Konzentrate mit 60—70% Pb bzw. 50% und mehr Zn praktisch frei von störenden Beimengungen zu gewinnen. Die modernen Bleihütten haben sich auf die Verarbeitung des so gewonnenen, meist unter 0,1 mm feinen Rohmaterials eingestellt. Ein Bleierzkonzentrat soll mindestens 55% Pb enthalten. In Sonderfällen werden 30%ige Konzentrate als Zuschlagerze für die Verhüttung von kupferhaltigen Bleierzen verwertet. Naßmechanisch aufbereitete Erze liegen mit Gehalten von 75—80% Pb meist höher als Flotationskonzentrate. Sulfiterze überwiegen im Absatz karbonatische und sonstige Bleierze.

Geringe Verunreinigungen beeinflussen die Eigenschaften des metallischen Bleies. Ein handelsübliches „Weichblei" soll nicht mehr als 0,04% Verunreinigungen enthalten. Daher gliedern sich die Gewinnungsmethoden in die Herstellung eines Rohbleies, allgemein „Werkblei" genannt, und in seine Raffinierung zu „Weichblei".

Von 1950 bis 1957 wurde die Bleierzförderung (nach Metallinhalt gerechnet) in den Ländern, über die regelmäßige statistische Angaben vorliegen, kontinuierlich um 35% gesteigert. Dabei war die Entwicklung in den einzelnen Ländern recht unterschiedlich. So steht einer Steigerung um 50% in Australien, 52,5% in Europa, 57,5% in Südamerika, einer Vervierfachung in Asien, einer Verdoppelung in Afrika und einer Erhöhung der Förderung um das 2,5fache in der UdSSR ein Rückgang um 11% in Nordamerika gegenüber. Die USA, Mexiko und Bolivien sind die einzigen Länder, in denen die Förderung in dem genannten Zeitraum sogar rückläufig war. Die Drosselung der Förderung erstreckte sich bis 1957 ausschließlich auf Gruben unter US-amerikanischer Kontrolle. Im Jahre 1957 war Australien mit 318000 t zum bedeutendsten Bleiförderland der Welt geworden, gefolgt von den USA, der UdSSR, Mexiko, Canada und Peru. In Europa sind die wichtigsten Förderländer Jugoslawien, Bulgarien, Westdeutschland und Spanien.

---

[1]) Vgl. KUREK, A.: Zur Lage auf dem Weltmarkt für Bleierz und Bleimetall. — Bergbautechnik, 1959, H. 12, S. 649—656.

Das „Metal Bulletin", London, vom 13. 2. 1959 nannte als vorläufiges Ergebnis der Weltbleigewinnung 1958 etwa 2150000 mtr. t, das bedeutete gegenüber 1957 einen Rückgang um etwa 3,5%. Ein Vergleich der Grubenerzeugung der Erdteile in den Jahren 1913, 1938, 1950 und 1957, unter besonderer Berücksichtigung der USA und in den Jahren 1950—1957 der UdSSR, zeigt eine kontinuierlich steigende Entwicklung der Anteile an der Welt-Bleierz-Förderung nur in Afrika und in der UdSSR. Der Anteil der USA hat sich immer mehr verringert. Im Jahre 1913 entfielen etwa 40% der Weltförderung auf Amerika. Dieser Anteil stieg in den Jahren 1938 und 1950 bis über 50%, um dann bis 1957 wieder auf 40% abzusinken. Die Bedeutung der Grubenerzeugung in Europa und Australien hat in den Jahren 1938—1957 keinen nennenswerten Schwankungen unterlegen. E.

Spurenmetalle und Kali in der DDR

Zur stärkeren Verwendung von Spurenmetallen und zur Verbesserung der Kaliproduktion nahm der Stellvertreter des Vorsitzenden der Staatlichen Plankommission K. GREGOR in der „Wirtschaft" vom 28. 10. 1959, S. 7, unter anderem Stellung. Seinen Mitteilungen entnehmen wir auszugsweise:

„Bei Germanium, Zirkonium, Indium usw. wird die Bedeutung durch das internationale Interesse verstärkt. Die auf unserem Territorium vorhandenen Vorkommen, die Spurenmetalle enthalten, müssen im Laufe des Siebenjahrplans so ausgebaut werden, daß wir in der Lage sind, neben der vollen Deckung unseres Bedarfs auch einen großen Teil zu exportieren.

Die Deutsche Demokratische Republik steht in der Förderung und Verarbeitung von Kali in der Welt an 3. Stelle und nimmt gleichzeitig im Export von Kalierzeugnissen den 1. Platz ein. Bei den Kalierzeugnissen ist die Produktion von 1528000 t im Jahre 1958 auf 2128000 t im Jahre 1965 zu erhöhen. Das bedeutet eine Steigerung auf 139%. Die Erreichung dieser Produktionshöhe setzt aber voraus, daß die Methoden und Formen des Abbaues und der Förderung in unseren Kalischächten sowie die Verarbeitung zu qualitativ hochwertigen Kalierzeugnissen grundlegend verbessert werden müssen.

Große Perspektiven hat die Verwertung der Kaliendlauge, die z. Z. noch in die Flußläufe geleitet wird. Das in der Kaliendlauge vorhandene Magnesium-Oxyd muß durch geeignete Anlagen und Methoden gewonnen werden, um in der feuerfesten Industrie eingesetzt bzw. zu metallischem Magnesium umgearbeitet werden zu können." L.

Sonstiges

Entsalzen von Meerwasser

Auf einem Schiff der sowjetischen Schwarzmeerflotte ist das Entsalzen von Meerwasser auf elektrochemischem Wege eingeführt worden. Diese elktrochemische Methode erscheint gegenüber den anderen Verfahren, die zur Gewinnung von Süßwasser aus Salzwasser angewendet werden, als die wirtschaftlichste. Durch die in großem Umfang verwendeten Bauteile aus Plasten konnten die sonst erheblichen Elektroenergieverluste vermindert und der Leistungsfaktor der Anlage wesentlich erhöht werden. Der Einsatz von Anlagen für elektrochemisches Entsalzen des Wassers auf Hochseeschiffen ermöglicht es, an Stelle des notwendigen Wasservorrates von etwa 200—250 t die Nutzfracht um die gleiche Tonnage zu erweitern.

Gegenwärtig werden Vorbereitungen für den Bau einer Elektroentsalzungsanlage in dem Kombinat Karabogassulfat getroffen, wobei die Anlage entsprechend der Zusammensetzung des Wassers des Kaspischen Meeres projektiert wird. E.

Kunststoffrohre im Leitungsbau

Nicht nur in der Trink- und Industriewasserversorgung und als Zubringer- und Verteilungsleitungen bei Beregnungsanlagen, sondern auch für den Transport von Gasen, wie z. B. Schwefelwasserstoff, finden Kunststoffrohre vor allem aus Polyäthylen ständig steigende Verwendung. Diese Rohre können in endlosen Mengen hergestellt und von Kabelrollen aus verlegt werden. Die Tiefe des Grabens kann bei der Verlegung wesentlich geringer gehalten werden als bei Metallrohren. Selbst bei Einfrieren der Leitungen aus Plasten besteht keine Bruchgefahr. Bodenunebenheiten und Kurven paßt sich das Kunststoffrohr an. Saure und aggressive Böden machen ihm nichts aus. Es kommt nicht zu dem bei Metallrohren zu befürchtenden Lochfraß, und auch im Rohrinnern bleibt die Durchflußmenge auf Jahrzehnte konstant. E.

Kurznachrichten

In Peking wurde bekanntgegeben, daß in der **Chinesischen Volksrepublik** schrittweise das **metrische System** eingeführt werden wird. Ein Li wird $^1/_2$ km, ein Chin $^1/_2$ kg und ein Sheng $^1/_2$ l gleichgesetzt werden.

6 neue **Erdgaslagerstätten** mit insgesamt 42 Mrd. m³ wurden in **Westsibirien** im Nationalgebiet der Chanten und Mansen entdeckt.

100000 m³ **Erdgas** bezieht die Badische Anilin- und Sodafabrik-AG, **Ludwigshafen**, täglich aus dem Feld Frankenthal, auf dem z. Zt. 3 Bohrungen produktiv sind.

Die Aufschlußbohrung **Löningen 2** (Süd-Oldenburg) wurde im Ober-Jura zwischen 1148 und 1160 m Tiefe **ölfündig.** Produktionsversuche ergaben eine eruptive Tagesförderung von 15—20 m³/d Rohöl vom spez. Gewicht 0,853.

Methan wurde aus den Saargruben 1958 in Höhe von rd. 174 Mio m³ abgesaugt und wirtschaftlich ausgewertet.

Das **kanadische** Ministerium für die Nordterritorien teilte mit, daß im Eagle-Plain-Gebiet nördlich des Polarkreises, 700 km vom Pazifik und 300 km vom Arktischen Ozean entfernt, größere **Erdöl- und Erdgasvorkommen** aufgefunden wurden.

30 km von Casablanca wird bei **Mohammadia,** in dessem Hafen Tanker bis zu 40000 BRT anlegen können, eine **Erdölraffinerie** von 1,25 Mio t Jahresdurchsatz errichtet. Sie wird zunächst Importöl, aber später Rohöl aus dem gegenwärtigen Erkundungsfeld Tarfaya (Marokkanische Sahara) verarbeiten.

420 km südwestlich von Bengasi (**Libyen**) wurde die Bohrung Beda 1 in rund 1200 m Teufe fündig. Fördertests ergaben rund 170 tato **Rohöl** von 36° API.

Die nordamerikanische Atomenergie-Kommission hat ihren **Ankaufspreis** für inländisches **Uranoxyd** für den Zeitraum vom 1. 4. 1962—31. 12. 1966 offiziell auf 8 Dollar je lb herabgesetzt (Durchschnittspreis 1958: 10,30 Dollar je lb).

Der Bau eines **Kohleforschungsinstitutes** ist in Zemun bei **Beograd** aufgenommen worden. Eingerichtet werden Abteilungen für chemische Technologie, physikalische Technologie, Wärmetechnik und Analytik.

Ein neues **Zinnzentrum** in der UdSSR ist das Gebiet von **Julti,** im nordöstlichen Sibirien. Die Verhüttung der Zinnkonzentrate erfolgt in der Zinnhütte in Nowo-Sibirsk.

Der Maximalpreis für den Rückkauf von **Plutonium** aus Reaktoren liegt in den **USA** bei 45 $ je g Pu, das frei von Pu-240 ist. Der Minimalpreis beträgt 30 $ je g bei 8,6% und mehr Pu-240-Gehalt, bei 8% = 31,00 $, bei 6% = 34,50 $, bei 4% = 38,00 $ und bei 2% = 41,50 $.

Nach Mitteilung der Atomenergiekommission ist der **Preis** für 1 kg **Lithium** hydroxymonohydrat mit angereichertem Li-7-Gehalt von 150000 bis 300000 $ auf 120 $ bei 99,99%, auf 107 $ bei 99,98% und auf 100 $ bei 99,97% Li-7-Gehalt gesunken.

Die Vorräte an **Reinschwefel** werden für die **polnische** Lagerstätte Tarnobzeg auf 111 Mio t berechnet, für die größte Einzellagerstätte Mexikos auf etwa 90 Mio t. 1960 soll die polnische Produktion 400000 t Reinschwefel erreichen (1957: USA 5,6 Mio t, Mexiko 1,0 Mio t, Japan 260000 t und Italien 190000 t).

In **Rumänien** werden geologische Forschungsarbeiten durchgeführt, um durch die Auffindung und Aufschließung von Kalisalzlagerstätten eine Rohstoffgrundlage für die Herstellung kalihaltiger Düngemittel zu schaffen.

In den nächsten Heften
der
Zeitschrift für angewandte Geologie
erscheinen u. a. folgende Beiträge:

G. SCHULZE: Beitrag zur Genese des Polyhalites im deutschen Zechstein
W. B. NEUMAN: Paläotektonische Kriterien der stratigraphischen Gliederung sedimentärer Schichtenfolgen in Tafelgebieten
K. H. BERNSTEIN: Geochemische Prospektion auf Schwerspatgänge im Raum Warmbad Wolkenstein/Erzgeb.
P. HARTMANN: Zur Probenahme und Bemusterung im Kalibergbau
W. REMUS: Stickstoffausbrüche in den Mansfelder Schichten (Stefan)
H.-J. WEDER & J. ZIESCHANG: Die hydrogeologischen Verhältnisse des Bac-Bo, Demokratische Republik Vietnam
K. LEHNERT: Einige Besonderheiten konventioneller elektrischer Bohrlochmeßkurven in „hartem" Gebirge
F. KAMMERER: Setzungen und Senkungen im Baugrund
C. MUEHLBERGER: Die Bedeutung der Grundwasserorganismen für hydrogeologische Erkundungen
O. WAGENBRETH: Zwei Hilfsverfahren zum Zeichnen geologischer Profile
E. GRUMBT & H. LÜTZNER: Zur Leitbankgliederung des Staßfurtsteinsalzes und -kalilagers der Schachtanlagen Volkenroda/Pöthen
K. J. KLENGEL: Ingenieurgeologische Betrachtungen zum Abtrag des Altenburger Eisenbahntunnels
K. H. BINTIG: Die Vorratsberechnung von Begleitelementen mit Hilfe der Korrelationsrechnung
R. ORTMANN: Mineralogische Untersuchungen Phosphatkalkes von Dùkaj bei Tepelene (Albanien)
D. JANETZKY: Refraktionsseismische Untersuchungen an der Mitteldeutschen Hauptlinie
D. STEDING & G. SCHUBERT: Überblick über die Geologie des Meßtischblattes Rothenburg (4655) und die Methodik der Kartierung
F. STAMMBERGER: Zur Festlegung der Konditionen für mineralische Rohstoffe (der Standpunkt einiger amerikanischer Autoren)
J. S. EWENTOW: Zur Methodik der geologischen Untersuchung überdeckter Gebiete
L. F. SALATA: Über Mängel der Wägungsmethode bei der Bestimmung von mittleren Gehalten
C. OELSNER: Schweremessungen unter Tage
Z. OLEWICZ: Die Perspektiven der Erdölführung in der Umgebung Wielun
Instruktion zur Anwendung der „Klassifikation der Lagerstättenvorräte fester mineralischer Rohstoffe" auf Braunkohlenlagerstätten der Deutschen Demokratischen Republik.
Zur Bedeutung der 7. Jahrestagung der Geologischen Gesellschaft in der Deutschen Demokratischen Republik vom 31. Mai bis 4. Juni 1960 im Demokratischen Sektor von Groß-Berlin.

Wir fertigen:

1. Geophysikalische Meßgeräte,
wie
Seismische Apparaturen
Geomagnetische Feldwaagen

2. Elektrische Meßgeräte,
wie
Koordinatenschreiber
Spiegel- und Blockgalvanometer
Lichtmarkengalvanometer
mit und ohne Registriergerät

VEB Geophysikalischer Gerätebau
Brieselang (Kreis Nauen)
Forstweg 1
Telefon: Brieselang 138

In Vorbereitung befindliche
Beihefte zur Zeitschrift GEOLOGIE

Heft 27: Dr. RUDOLF MEINHOLD
Der geologische Bau und die Erdöl- und Erdgasführung der Deutschen Demokratischen Republik und der angrenzenden Gebiete des Norddeutschen Flachlandes
Heft 28: Dr. ULRICH JUX
Zur Geologie des Vopnafjord-Gebietes in Nordost-Island
Heft 29: Dr. ERICH KNAUER
Quantitativ-mineralogisch-petrographische Untersuchungen an den mitteldevonischen Roteisenerzen vom Büchenberg bei Elbingerode im Harz
Heft 30: Dr. THOMAS KAEMMEL
Geologie, Petrographie und Geochemie der Zinnlagerstätte Tannenberg (Vogtl.)
Heft 31. Dr. HORST BRUNNER
Eisrandlagen und Vereisungsgrenzen im Hohen Fläming

Bestellungen durch eine Buchhandlung erbeten

AKADEMIE - VERLAG · BERLIN

Herausgeber: Staatliche Geologische Kommission und Zentrale Vorratskommission für mineralische Rohstoffe der Deutschen Demokratischen Republik. Chefredakteur: Prof. Dr. Erich Lange, Berlin. Redaktion: Berlin N 4, Invalidenstraße 44. Verlag: Akademie-Verlag GmbH, Berlin W 1, Leipziger Straße 3–4 (Fernsprecher 220441, Postscheckkonto: Berlin 35021). Bestellnummer des Heftes 1047/6/3. Die „Zeitschrift für angewandte Geologie" erscheint monatlich. Bezugspreis 2,– DM je Heft. – Satz und Druck: Druckhaus „Maxim Gorki", Altenburg. Veröffentlicht unter der Lizenznummer ZLN 5008 des Ministeriums für Kultur, Hauptverwaltung Verlagswesen. Karten: MdI der DDR Nr. 4653, 5192, 5354, 5355/K 11.
Printed in Germany

BEITRÄGE ZUR GEOLOGIE

Herausgegeben von der Staatlichen Geologischen Kommission der Deutschen Demokratischen Republik

Die aufstrebende Entwicklung der Geologie in der DDR erfordert eine Erweiterung der fachwissenschaftlichen Literatur, um die vielfältigen neuen Ergebnisse einem breiten Kollegenkreis zugänglich zu machen.
Diesem Zweck sollen auch die BEITÄRGE ZUR GEOLOGIE dienen, die auf Initiative der FDJ-Betriebsgruppen des Zentralen Geologischen Dienstes und der Geologischen Dienste zusammengestellt wurden. Die Aufsätze enthalten Ergebnisse junger Mitarbeiter aus den verschiedensten Arbeitsgebieten der Staatlichen Geologischen Kommission. Auch die gesamte redaktionelle Arbeit wird von jungen Mitarbeitern ausgeführt.
Der Band wurde dem 10. Jahrestag der Gründung der Deutschen Demokratischen Republik gewidmet.

G. FREYER:	Die Ausbildung der Grenze Ordovicium/Silur im Bereich der Vogtländischen Hauptmulde
H.-J. PAECH:	Die Mühltroffer und Saalburger Querzone im Bereich des Bergaer Sattels
J. MICHAEL:	Beitrag zur Kenntnis der Unteren Zechsteinletten in Ostthüringen
F. BROSSMANN:	Die Lagerungsverhältnisse der Tanner Grauwacke im Luppbodegebiet nördlich von Allroda/Unterharz
R. KUNERT:	Die Zusammensetzung der permokarbonen Sandsteine im östlichen Harzvorland
E. KUSCHKA:	Die Augenmeßbemusterung bei der Flußspaterkundung, ihre Vorteile und Schwierigkeiten
G. HÖSEL:	Lesesteinkartierung als Grundlage zur Wolframiterkundung nordöstlich des Auer Granites
R. ERZBERGER:	Ein K(Na)-Feldspat-Hornfels zwischen dem Laaser Granodiorit und dem Meißener Massiv
T. KAEMMEL:	Petrographische, insbesondere erzmikroskopische Beobachtungen an inkohltes Bitumen führenden Sedimentiten des Thüringer Silurs
E. LAZAR:	Über einen Fund von *Lingula* sp. (Brachiop.) im norddeutschen Tertiär
I. BACH-WASBUZKY:	Zur Foraminiferenfauna der mittleren Blankenburgschichten (Santon)
C. HIRSCHMANN:	Über Conodonten aus dem Oberon Muschelkalk des Thüringer Beckens
W. STEINER:	*Dadoxylon* ENDLICHER (= *Araucarioxylon* KRAUS) aus dem Unterrotliegenden des Meisdorfer Beckens (Ostharz)

Die BEITRÄGE ZUR GEOLOGIE sind in Halbleinen gebunden, Format 17×24 cm, 8,— DM

Bestellungen durch eine Buchhandlung erbeten

AKADEMIE-VERLAG · BERLIN

FSC
www.fsc.org
MIX
Papier | Fördert
gute Waldnutzung
FSC® C083411

Kolibri 360 GmbH
Ferdinand-Jühlke-Straße 7
99095 Erfurt, Deutschland
produktsicherheit@kolibri360.de